应对灾害环境的城市韧性评估方法与提升对策

Evaluation Methods and Improvement Strategies of Urban Resilience in Response to Disaster Environment

施益军　徐丽华　著

中国建筑工业出版社

图书在版编目（CIP）数据

应对灾害环境的城市韧性评估方法与提升对策 = Evaluation Methods and Improvement Strategies of Urban Resilience in Response to Disaster Environment / 施益军，徐丽华著. —北京：中国建筑工业出版社，2023.8

ISBN 978-7-112-29039-0

Ⅰ. ①应… Ⅱ. ①施… ②徐… Ⅲ. ①城市规划－研究 Ⅳ. ① TU984

中国国家版本馆 CIP 数据核字（2023）第 155222 号

本书为浙江省自然科学基金课题“多灾害风险背景下的城市系统韧性能力评估与韧性机制探讨”（编号：LQ20D010002）、浙江省社科规划课题重点项目“统筹发展和安全理念下的城乡高质量发展与大安全格局构建研究”（23NDJC026Z）资助成果。

责任编辑：刘文昕　程素荣 / 责任校对：姜小莲 / 校对整理：李辰馨

应对灾害环境的城市韧性评估方法与提升对策

Evaluation Methods and Improvement Strategies of Urban Resilience in Response to Disaster Environment

施益军　徐丽华　著

*

中国建筑工业出版社出版、发行（北京海淀三里河路 9 号）

各地新华书店、建筑书店经销

北京建筑工业印刷有限公司制版

建工社（河北）印刷有限公司印刷

*

开本：880 毫米×1230 毫米　1/32　印张：$5\frac{5}{8}$　字数：153 千字

2023 年 8 月第一版　　2023 年 8 月第一次印刷

定价：**55. 00** 元

ISBN 978-7-112-29039-0

（41272）

序　言

近年来，全球气候变化加剧，自然灾害频发，给人类的生存与发展带来了不可忽视的威胁。随着城镇化进程加快，城市问题和城市灾害也越来越频繁，涉及天灾、人祸、经济、环境、安全、交通和社会，直接影响了城市居民的生命安全和生活质量。可以说，各类灾害风险无疑已成为制约城市可持续发展的主要因素，降低灾害风险已经成为现代城市不得不面对的问题。

如何防范、规避这些城市灾害风险，保障城市公共安全，提升人民的生活质量，成为国际社会共同关注的重点议题。韧性城市被认为是有效应对城市灾害风险的一种新理念和新范式，得到联合国、世界银行、洛克菲勒基金会等重要国际机构的普遍认可和积极推进。韧性城市的理念自 2005 年引进我国后，伴随着我国经济社会的快速发展也经历了一个较为快速的发展过程，并在北京、上海、厦门、深圳、合肥等城市的相关规划中得到了率先实践。2018 年后，伴随着我国国土空间规划体系的重构，韧性城市在规划体系中的地位和作用也愈来愈得到重视，建立健全韧性城市规划体系的呼声也愈来愈高。《中共中央关于制定国民经济和社会发展第十四个五年规划和二〇三五年远景目标的建议》明确提出要建设韧性城市，意味着韧性城市正式成为我国的国家战略。蓬勃发展的韧性城市规划建设实践，有力推动了韧性城市的理论研究、方法探索和治理策略的快速进步。

但是，不可否认的是，韧性城市的既有理论和方法，还不能有效解决韧性城市建设过程中面临的困难和问题，远远满足不了广大人民群众对城市安全不断增长的需求，迫切需要从更广的视角和不同的尺度对韧性城市的内涵、特征、机制等内容进行系统而深入的研究，尤其是韧性评估方法和韧性提升策略等内容，对韧性城市规划而言，可能更为紧迫。

令人欣喜的是，施益军博士的这本专著，对当下韧性城市研究最关心的主题进行了较为系统而全面的研究和探索。该书将城市空间作为典型的复杂系统，基于城市系统中不同子系统要素之间及被外部环境之间的相互耦合和持续累积，探讨了灾害风险环境下城市系统韧性特征及运作机制，建立具有操作性和实践性的城市韧性评估的定量评估模型和方法，并展开了不同尺度的实证研究，最后结合国土空间规划推进和韧性城市建设提出城市韧性提升的路径和治理模式。尽管该书有一些地方值得进一步研究和讨论，但该书中的理论和方法能够为推进城市韧性的研究和建设提供有益的借鉴和参考。作为作者的博士导师，我为青年学者积极致力于城乡灾害风险与安全韧性研究的努力付出以及取得的显著成就感到欣慰。为此，欣然为之序！

翟国方
南京大学 教授、博导
二〇二三年元月十四日于南京

前　言

作为人类活动的主要空间载体，城市的发展建设与对灾害风险的抵御始终相伴。进入新世纪后，各类灾害已经严重威胁了我国城市社会经济可持续发展与人民群众的生命和财产安全。在此背景下，“韧性城市”（城市能够凭自身的能力抵御灾害，减轻灾害损失，并通过合理的调配资源以便从灾害中快速恢复）已经成为我国城市治理中的必由之路与现实选择。《中共中央关于制定国民经济和社会发展第十四个五年规划和二〇三五年远景目标的建议》明确提出，建设韧性城市，提高城市治理水平，加强特大城市治理中的风险防控。党的十九届五中全会首次把统筹发展和安全纳入“十四五”时期我国经济社会发展的指导思想，强调要加强国家安全体系和能力建设，筑牢国家安全屏障，可见安全发展在我国城镇化工作和建设中的重要地位和重大意义。

从系统性风险防范的视角看，韧性城市是城市规划发展过程中一次理论的突破，该理论整合了城市规划、应急管理、风险评估以及社会治理等多种理论与方法，为实现城市可持续发展提供一种新的范式，即将灾害风险识别和评估、城市风险管理、灾害韧性评估纳入统一的韧性城市规划体系中，从源头将“风险管理”理论应用到城市减轻灾害风险的实践中。因此，城市韧性评估与建设是实现城市应急管理与可持续发展有机融合的重要路径，并已成为城市灾害风险综合防范的重要探索方向之一。

本书在广泛参阅国内外城市韧性研究相关文献和研究报告的基础上，系统探讨了城市韧性的概念与特征，城市韧性评估的基本理论、基本方法和应用案例，并且讨论了基于灾害风险视角的城市韧性评估与规划建设的理论框架，并结合实证研究介绍了团队在该领域的相关研究成果。本书共分为六个章节，全书由施益军和徐丽华构思、整理、撰写、统稿并审定完成。在著作酝酿、成稿过程中，杜文瑄、罗健、何静娟、李航、沈一凡、石宇航等研究生参与了原始素材的整理和校稿等工作，在此深表谢意。具体章节分工如下：

第一章　绪论（施益军，徐丽华）

第二章　城市灾害与韧性的国内外研究进展（杜文瑄，施益军）

第三章　国内外韧性城市建设实践与经验（何静娟，施益军，石宇航）

第四章　灾害影响下的韧性城市研究方法（施益军，罗健）

第五章　实证：城市灾害风险评估与分析（施益军，杜文瑄，罗健，李航）

第六章　中国韧性城市提升对策与规划响应（施益军，徐丽华，沈一凡）

本书可供从事城市灾害风险、城市韧性研究及城市规划的政府和科研院所科技工作者和其他社会各界相关人员阅读参考。作者在编写过程中参阅了大量的国内外文献、应用案例以及网络资料等内容，在此向各位原作者表达诚挚的谢意。感谢中国建筑工业出版社的程素荣、刘文昕老师在出版过程中给予的帮助。

由于作者水平有限，书中难免有不足和纰漏之处，恳请读者不吝赐教。

施益军　徐丽华

2022年10月

目　　录

* 本书图片除标注出处外，均为作者拍摄。

第一章　绪论

1.1　研究背景

随着城镇化进程加快，城市这个开放而复杂的巨系统面临的不确定性因素和未知风险也不断增加。在各种突如其来的自然和人为灾害面前，城市往往表现出极大的脆弱性，而这正逐渐成为制约城市生存和可持续发展的瓶颈问题。尤其近年来，国内外诸多城市频繁遭遇强暴风雨、地震、地质灾害等重大灾害袭击，造成了巨大的人员伤亡和经济损失，引起了国际社会的高度关注。因此，如何科学有效地评估城市面临的灾害风险、如何提高城市系统面对不确定性因素的响应与适应能力、如何提升城市系统的抵抗能力，以及灾难发生后如何提高城市系统的恢复力是当前国际城市规划领域研究的热点和重要课题。

（1）城市灾害频发，城市成为灾害的高风险地区

进入21世纪后，我国发生了2003年的非典、2008年的汶川地震、2010年的舟曲特大泥石流灾害、2010年的玉树地震、2015年的天津滨海新区爆炸事件、2016年的江苏阜宁龙卷风灾害、2017年的四川九寨沟地震以及2020年的新型冠状病毒等各类灾害。无论是自然灾害还是人为灾害无疑成为制约我国现代化和经济社会发展的重要因素。在这样的背景下，“韧性”越来越成为城市关注的重点，“韧性城市”也多次出现在国家相关政策文件中。2020年，中国共产党第十九届五中全会审议通过的《中共中央关于制定国民经济和社会发展第十四个五年规划和二〇三五年远景目标的建议》明确提出，建设韧性城市，提高城市治理水平，加强特大城市治理中的风险防控。因此，有效防范各类灾害发生和提升城市应对灾害的防御能力，有助于构建城市安全发展格局。

我国正在经历城镇化快速发展时期，越来越多的人口向城市集聚，一方面带来了城市的繁荣发展；另一方面也导致城市受到越来越多的冲击，变得越来越“脆弱”（李南枢等，2021）。在各种突如其来的自然和人为灾害面前，城市往往表现出极大的脆弱性，而这正逐渐成为制约城市安全和可持续发展的瓶颈问题（仇保兴，2018；翟国方等，2018；Shi et al.，2021）。尤其是近年来，国内诸多城市频繁遭遇各类灾害的影响，造成了巨大的人员伤亡和经济损失。我国的许多城市正在成为灾害频发的高风险地区，城市灾害为城市发展带来重重挑战，关注城市安全具有必要性和重要性。由于灾害给城市所带来的影响已不可避免，因此提高城市抵御灾害的韧性能力已经成为现代城市不得不面对的问题（Hernantes et al.，2019；翟国方等，2018）。

（2）提升城市的韧性成为可持续发展的关键

韧性（resilience）本意是“回复到原始状态”，表示系统或个体经历冲击或扰动后能够恢复和回弹的能力。1973 年，Holling 首次将韧性思想引入系统生态学研究领域。2002 年，倡导地区可持续发展国际理事会（ICLEI）在联合国可持续发展全球峰会上提出“韧性”概念，将其引入以防灾为代表的城市规划与管理领域，关注点从城市如何减少灾害发生到如何降低灾难损失并迅速修复。相对于传统的城市风险管理，韧性概念更加重视灾害管理的动态性和复杂性，并要求理解这些动态性和反馈是时间和空间尺度上演变的（Campanella，2006；Alexander，2013；滕五晓，2018）。

随后，“韧性”成为城市研究领域的热点，各类关于建立城市韧性的文件和政策相继出台，为全球城市可持续发展提供新指导。如：日本的《2005～2015 年兵库行动框架》和《2015～2030 年仙台减少灾害风险框架》强调要将韧性思维与城市规划设计相结合；2012 年，联合国国际减灾战略组织（UNISDR）发起“让城市更具韧性”行动，确定了城市韧性建设的十大准则；2013 年，美国洛克菲勒基金会启动“全球100韧性城市”项目，中国有黄石、海盐、义乌、德阳4个城市入选；2016年，第三届联合国住房与可持续城市发展大会（人居Ⅲ）通过的《新城市议程》直接将“韧性城市”作为未来城市建设的核心目标；2020年3月，《中华人民共和国国民经济和社会发展第十四个五年规划和2035年远景目标纲要》指出，“顺应城市发展新理念新趋势……建设韧性城市”；2020年10月，联合国减灾办公室出台“创建韧性城市2030”计划，确定计划的最终目标是：确保城市在2030年前实现包容、安全、韧性和可持续。当前，韧性理念已深入到城市规划建设和发展的方方面面，成为全球城市可持续发展的共识。

目前，全世界有50%以上的人口居住在城市，到2050年，这一比例将会超过70%，城市地区将成为人口最为稠密的地理空间。城市作为复杂的“巨系统”，在变得越来越强大的同时，也变得越来越脆弱，任何子系统被破坏或不适应新变化，都可能给整个城市带来致命的危机甚至毁灭（Alexander，2013；Keskitalo，2010；Shi et al.，2018）。随着城市的不断发展壮大，且日益面对气候变化等不确定性因素和挑战，“韧性”能力已成为城市安全发展的重要衡量标准（林伟斌等，2020）。对城市韧性进行评估和分析，一方面可以深入了解城市的安全状况，实现经济社会的安全发展。另一方面，可以找出城市运行过程中潜在的各种不利因素，及时发现和掌握城市工作的不足和薄弱环节，对于解决我国现阶段城市中一系列制约经济社会持续健康发展的干扰和压力具有重要的理论和实践意义。科学有效地评估和模拟城市韧性，是认识城市灾害风险形势的必然之举和城市防灾减灾管理的基础，有助于提高城市面对不确定性因素的抵御力、恢复力和适应力，提升城市规划的预见性和引导性逐渐成为当前国际城市规划领域的研究热点和焦点问题。

（3）构建韧性城市是推进城市安全发展的重要保障

复杂系统是非线性相互作用的不同组元素构成的网状系统。复杂系统内部有很多子系统，这些子系统之间相互依赖、相互协同。同时在复杂系统中，子系统会分为不同层次，大小也各不相同（欧阳莹之，2002；Edgar，2001）。按照马克思主义的观点，城市本身是一个开放而复杂的巨系统，且处于自组织演化之中。人口、能量、资金、信息等要素在城市空间不断流动，通过分化和整合产生新秩序，使城市具有典型的复杂系统的结构特征（周干峙，2002；仇保兴，2018）。城市复杂系统的形成，受城市内外环境变化的随机影响，在社会、经济变动和文化适应等多因素的综合作用下，各类要素非线性相互作用的结果，具有自组织机制（赖世刚，2019）。在城市层面开展城市灾害风险评估时，需要充分认识城市的组成和相互作用机制，考虑城市内不同要素间的耦合关系和整个系统的动态性、复杂性特征，有助于提高对城市韧性认知和研究。"复杂系统"理念的引入有助于提高韧性城市规划的科学性和指导性，为城市韧性的研究和相关城市规划的编制提供了应对灾害及环境变化的新方法，基于"复杂系统"理念的韧性城市建设是防灾减灾救灾的一种新理念、新模式，是一种能够消化、吸收外界干扰，并保持原有主要结构和关键功能能力的城市建设模式。本课题正是基于这一角度出发，构建基于复杂系统的城市韧性评估、模拟和规划应对的方法。

1.2 相关概念界定

1.2.1 城市灾害风险

城市灾害是自然界与人类社会、经济系统相互作用的产物，既包括火灾、水患、流行疾病等传统的常规性风险，又包括恐怖主义的威胁、金融风险、信息网络安全等后现代、后工业阶段的非传统风险，均呈现出密集性、连锁性、叠加性和圈域性等特点，我国东部城市因人口稠密和财富聚集程度高，已经成为高灾害风险等级区域，为城市灾害风险综合防控与城市公共安全治理带来了严峻挑战（孔锋，2022）。

城市灾害风险指的是在未来若干时间段内，在城市由各种自然与人文要素所造成的，发生人员、财产等社会经济损失或自然生态资源破坏的严重程度以及其发生的可能性。从城市灾害的形成过程来看，其灾害风险的构成要素包括致灾因子、孕灾环境、承灾体，各要素之间呈现复杂的非线性关系。具体概念如下（周姝天，2020）：

（1）致灾因子由自然致灾因子、人为致灾因子与“自然—人为”致灾因子组成，是通过灾害链引发级联效应、增强某一致灾事件的灾情程度的累积性因素。当致灾因子到达或超过人类和自然生态系统的承受能力时，才会形成灾害。较高灾变活动规模（强度）和活动频次的致灾因子，灾害所造成的破坏损失就越严重，灾害的风险也越大，各类灾害频发对城市系统造成巨大威胁。

（2）孕灾环境是灾害产生的初始条件，是未发生灾害前的风险因素，体现城市活动中潜在的风险分布，并作用于致灾因子、承灾体上，从而形成灾害。根据史培军等自然灾害理论研究，将孕灾环境分为自然环境和人为两类，包括大气圈、水圈、岩石圈、生物圈等自然环境和技术圈、人类圈等人为环境。不同的孕灾环境，引发的灾害类型也不同，自然环境推动自然灾害的形成，人为环境容易导致事故灾害、公共卫生灾害和社会安全灾害（史培军，2014；史培军，2009）。

（3）承灾体可分为人类本身及财产、资源两大类，具有暴露度和脆弱性等属性。《UNISDR》将暴露度定义为人员、财物、系统等要素在危险区域受损失的衡量，并结合暴露在致灾力下的物体的脆弱性，可以评估研究区域受某类灾害或叠加灾害下的风险数值（Mal，2018）。一个地区暴露于各种危险因素的人员和财产越多，由于潜在的危险因素而造成的伤害或损失程度越高，承灾体的暴露度越高、脆弱性越低，灾害风险也越大。各地区居民的性别、年龄、财产资源、居住环境、健康状况等方面的不同，会造成城市内部成灾结果呈显著差异。

1.2.2 韧性与韧性城市

韧性（resilience）一词最早来源于拉丁语“resilio”，其本意是“回复到原始状态”。加拿大生态学家 Holling 将韧性的思想引入系统生态学领域，用来定义生态系统稳定状态的特征。20 世纪 90 年代以来，“韧性”这一概念逐渐从自然生态学向其他学科延展，应用于城市研究、社会学、地理学、灾害学等多学科；在 2010 年韧性城市理论逐渐关注应急管理、风险压力、灾害扰动等研究方向，推动灾害研究下从脆弱性向韧性转变，强调在未来的多样不确定性风险下探讨城市环境的动态适应的应对策略（韩自强，2022；石龙宇，2022）。各类学科对城市韧性的概念存在差异，如灾害学研究者认为城市韧性是暴露于危险之中的社会与个人系统，通过抵抗或改变自身结构以维持可接受水平的功能；社会学研究者强调城市韧性是不同类别的人类社群面对外部扰动和内部压力时，能够迅速获取应对外部社会环境变化的学习能力和自组织路径；地理学研究者从城市与区域角度，认为城市具有在不超过社会环境限制的前提下，实现包容性经济增长和应对冲击的韧性能力。本书对不同研究学者或组织机构的城市韧性定义进行梳理，并将概念归纳为 7 类（表 1-1）。

不同研究学者和机构的城市韧性概念及学科领域　　表 1-1

研究视角	概念内容	信息来源
经济学	城市具有长期、稳定地提升经济系统发展的韧性属性，包括抵御能力、恢复能力、结构转型能力和路径更新能力四个维度。能够持续承受市场或环境冲击，不丧失有效分配资源或提供基本服务的能力	孙久文，2022
社会学	强调城市在应对不确定性与扰动因素时，社会系统自身所具有的调节、恢复和适应能力，以维持社会结构的总体均衡	何继新，2022
灾害学	城市各系统吸收、自我适应并抵御灾害，并在灾害中恢复并提升系统功能和结构以应对未来更严重灾害，关注生命线工程等基础设施系统的畅通，以及社区的应急反应速度	罗强强，2022

续表

研究视角	概念内容	信息来源
城市规划学	城市韧性可以通过合理的规划建设，提高城市应对不确定因素冲击、防御风险，并迅速适应和恢复的能力，保障城市可持续发展	李彦军，2022
生态学	城市系统消化、吸收外来干扰，能够实现生态基本功能的稳定运转，缓解生态功能退化的风险	杨正光，2022；León，2014
地理学	城市中的政府、企业、社区、个人等各类主体，受到政治、经济、自然灾害多重慢性压力和急性冲击影响下，能够综合自身要素，通过学习和再组织吸收扰动、降低损失，使系统恢复到原来状态或者达到新状态的韧性能力	王璇，2022

整体上看，韧性理论经历了“工程韧性、生态韧性、演进韧性”三重韧性观念演变（表 1-2），三者韧性观点体现了学界对系统运行机制的认知飞跃。相比前两者，演进韧性更贴近城市应对风险的韧性现实状况，具有更强的理论价值。本书从韧性内涵、理论支撑、平衡状态、韧性特征、扰动应对、概念内容六个方面总结了三种韧性观念的区别。城市韧性区别于传统减灾理论，更关注从“灾前——灾中——灾后”全过程、多灾种、全要素、多主体的系统综合应对灾害风险，不同学者对其韧性特征进行分析总结。Bruneau（2003）较早提出城市韧性包括坚固性、快速性、冗余性、资源可调配性的“4R”属性，Wildavsky（1988）提出的韧性系统具有动态平衡、兼容、高效率的流动、扁平、缓冲和冗余度六个基本特征，Ahern（2011）等人认为韧性城市多具备功能性、冗余度和模块化、生态和社会的多样性、多尺度的网络连结性和有适应能力的规划和设计的五个基本要素，Allan（2011）将优秀的城市韧性特征总结为多变性、变化适应性、模块性、创新性、快速反应力、社会资本的储备能力以及生态系统的服务能力的七个指标。随着韧性理论在城市系统中的应用，更多学者在其研究基础上扩充完善，韧性特征不断得到丰富（表 1-3）。

韧性城市概念及理论演进　　表 1-2

韧性内涵	理论支撑	平衡状态	韧性特征	扰动应对	概念内容	信息来源
工程韧性	工程思维	单一稳态	恢复、恒定	扰动威胁论	物体在受到外界扰动影响后，具有较高的抗压能力和稳定性。系统韧性的强弱取决于恢复到初始稳定状态的速度	Holling，1973；Berkes，1998
生态韧性	生态学思维	两个或多个稳态	坚持、鲁棒性	扰动学习论	生态系统改变自身结构、吸收消化外界扰动，保持最佳功能状态，进而恢复原初稳定状态或形成新的平衡状态的韧性能力	Schulze，1996
演进韧性	系统论、适应循环等	抛弃了对平衡状态的追求	适应能力、可变换性、学习、适应性、创新、跨尺度动态交互	扰动适应论	强调系统具有自我适应所处的复杂、不确定性环境的韧性能力，而非被动地承受与适应	Folke，2005

韧性城市特征　　表 1-3

韧性特征	概念内容	信息来源
流动性	通过城市系统内人口、资本等要素的流动，提高区域的连通性和协作能力	Ahern，2011
抗扰性	城市能够在灾害发生时，保持系统关键功能相对完善的能力	鲁钰雯，2019
效率性	在灾害发生时以及灾后恢复重建过程中，城市系统能够快速应对，推动各项系统功能快速恢复	Wildavsky，1988
模块化特征	韧性城市通过在灾害准备期，预留一定的重复功能和备用设施模块，能够在应对灾害风险时，减少关键功能损坏而失效的概率	Allan，2011
适应性	城市应对灾害干扰、不断调整防灾应对策略，提升城市韧性能力	Allan，2011

续表

韧性特征	概念内容	信息来源
自组织性	城市内部政府、企业、公共管理者、市民等主体，能够在灾后进行自组织的局部系统修复，有助于从干扰中恢复、迅速重组城市系统	鲁钰雯，2019
独立性	系统在受到干扰影响时能够在没有外部支持的情况下，以个体状态保持最小化功能运作的能力	韩自强，2022
相互依赖性	确保城市系统作为综合区域集成网络的一部分，在灾害扰动时，多途径获得其他网络系统的支持	Lu，2013
智慧性	城市规划和决策者能够使用资源和适时调整应灾策略，以准备、响应和从可能的破坏中恢复	Mal，2018
冗余性	城市系统在原有功能发生中断、退化或丧失时，预先的备用系统能够满足城市的基本功能需求，维持城市持续运转	Bruneau，2005
创造性	城市系统能借助受破坏的机会，通过城市规划和管理创新等方式向更先进的发展阶段过度，以支撑进一步发展，往复实现适应性循环	石龙宇，2022
协同性	城市系统应促进多方利益相关者积极参与决策过程，推动韧性决策	杨正光，2022
多样性	在危机之下，城市多样性有利于提供更多的发展路径、解决思路和城市发展的机会	鲁钰雯，2019
多尺度的网络连结性	在不同尺度下，如区域内的各城市以至于社区内部人际和群体之间的协作上，网络连结性能够促进全过程的灾害响应能力和应对干扰的恢复速度提升	Ahern，2011

1.3　相关理论基础

1.3.1　风险评价理论

风险评价是指通过风险分析的手段，对尚未发生的各类灾害的致灾因子强度、潜在受灾程度进行评定和估计，是风险分析技术在灾害学中的应用。风险评价理论认为，风险的概念包含两个部分，一是灾害风险发生可能性（概率）；二是灾害损失的影响程度，包括直接损失、间接损失等可定量（财物损失或伤亡）的不利影响，以及不可定量的不利影响（如功能损坏、宏观影响等）。通过对特定致灾因子造成后果的可能性和危害程度的量化描述灾害风险，能够估计研究地区灾害发生的可能性分布函数和灾害损失的可能性分布函数，从而判断系统是否安全，决定哪些风险需要防控和如何从减轻风险行动方案集中选择最优方案的动态过程（史培军，2005）。具体公式如下：

$$R=\{<S_i,\ P_o(P_r(S_i)),\ P_o(x_i)>\}_c \qquad (1\text{-}1)$$

式中，S_i 为第 i 种致灾因子；$P_r(S_i)$ 为第 i 种致灾因子发生的概率；$P_o(P_r(S_i))$ 为 $P_r(S_i)$ 的可能性分布；x_i 为第 i 种灾害造成的损失，$P_o(x_i)$ 为第 i 种灾害的可能性分布。

综合国内外相关研究成果（金菊良，2014；Schmidt，2011），风险评价过程包括区域界定、灾害风险识别、灾害风险评价、风险表征四个阶段，形成风险评价的概念模型（图 1-1）。① 进行区域风险评价之前，首先需根据评价目的和评价重点，结合区域地理环境特点，合理确定评价区域时空界限；② 风险识别由风险源识别与风险类型识别组成，最大限度地筛选和识别对于城市或相关部门具有重要影响的关键致灾因子；③ 灾害风险评价通过对每一种风险的类型、影响因素、事故机制进行描述，具体包括发生部位（位置或地点）、发生时间、发生原因、影响形式、影响对象及其潜在后果、风险特征，包括灾害危险性评估、承灾因子暴露度评估、灾损敏感性分析、综合抗灾能力评估以及区域经济社会要素分析等方面，条件允许时可进行风险区划。该阶段是灾害风险管理中的核心环节，能够综合性、系统性地定量认识风险机理，以此完善优化科学防控风险的措施方法。④ 风险表征是在已有风险评价基础上，编制不同时空长度的风险分布图，辨识高风险区和季节，不但可为各级政府和相关机构更有效地指导防灾减灾预警工作，减少灾害损失提供科学依据；同时，对于编制、完善与实施灾害应急预案、制定区域土地利用规划和防灾减灾规划、增强对灾害应急管理能力、提高对灾害应急求助管理的科学性等，也具有极为重要的参考意义。

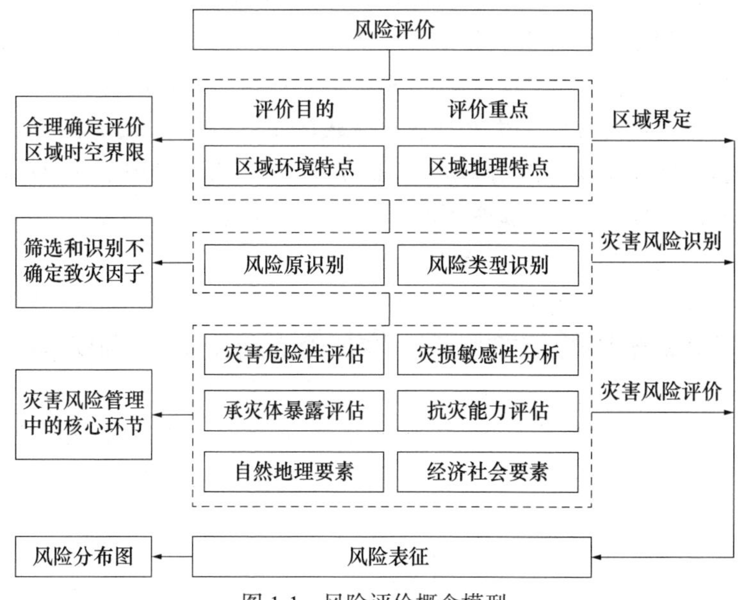

图 1-1　风险评价概念模型

1.3.2　灾害系统理论

灾害系统理论认为灾害系统是气象灾害、地质灾害和生物灾害等多系统下，多灾种引致多种致灾因子并存的综合性、复杂性的有机整体，灾害之间存在级联效应、多米诺效应、灾害链、耦合关系等触发、伴随关系。现有灾害评估往往基于单一灾害进行风险评估，忽视了灾害之间相互演化的情况，还缺乏较为完整的灾害类型空间耦合的理论方法体系。早在 1960 年，国外学者对单一灾种的成灾条件、引发机理进行了分析和探讨；1970 年后，更多的学者从灾害系统组成方面开展了风险评价研究。国际减灾署将灾害系统定义为有一定概率对城市造成影响损害的致灾因子以及各类承灾体的脆弱性共同组成的动态演变的整体（ISDR，2002），而后相关研究多选择具有较高危险性的致灾因子、承灾体脆弱性和城市的综合防灾减灾能力等要素，不断完善城市灾害系统的分析评价体系（Guo，2014）。

Wisner（2014）认为，灾害风险与致灾因子的危险程度、承灾体的脆弱性紧密相关，暴露在孕灾环境中、属于承灾体脆弱性的部分更易受到灾害冲击影响，风险评估应该将暴露度与脆弱性分别考量，认为风险的大小取决于致灾因子危险性、暴露度和承灾体脆弱性变量及其作用关系。“H—E—V”灾害系统理论框架观念逐渐被多数主流学者接受（图 1-2），模型表达为：

$$Risk = H \cap E \cap V \quad (1\text{-}2)$$

其中，Risk 是灾害风险程度，H 是致灾因子危险性，危险性反映根据灾种的致灾因子和孕灾环境判断灾害发生强度和发生频率，E 是暴露度，暴露度分析的对象是暴露于灾害风险下的人口、经济、建筑等各类资产的密集程度，V 是承灾体的脆弱性，能够描述承灾体的结构被动地受灾害冲击时所反映出的可能影响程度。

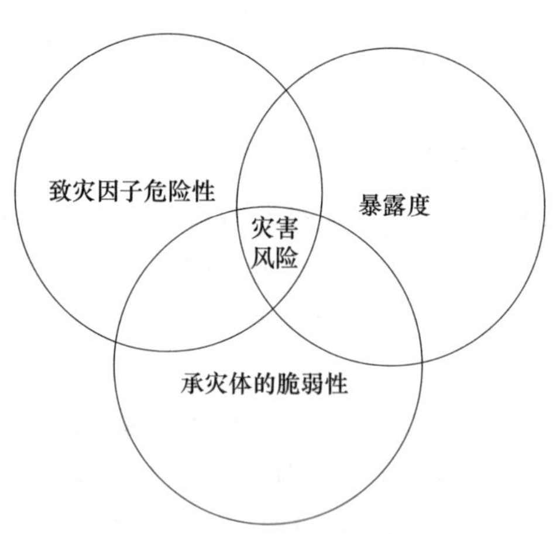

图 1-2　灾害系统理论的 H—E—V 框架

随着相关理论研究的深入，不同的学者基于灾害系统理论的模糊综合评估方法，对灾害系统影响因素不断深化和丰富，张继权（2006）等学者将城市系统的防灾减灾能力纳入灾害系统评价的考量因素，采用专家打分法、层次分析法等赋权方式，综合评估危险性、脆弱性、暴露度以及防灾减灾能力共同影响下的灾害风险程度，并绘制灾害风险分区图。整体上看，当前国内外研究多基于灾害系统的风险结构要素，借助相关数学处理方法对致灾因子危险性、为脆弱性、韧性、暴露度、防灾减灾能力等要素进行组合，据此构建城市灾害风险评估模型（表 1-4）。

灾害风险评估模型表达式　　表 1-4

系统组成要素	风险表达式	信息来源
H—V	$Risk = H + V$	Maskrey，1989
H—V	$Risk = H \times V$	UNDHA，1991
H—V—R	$Risk = \frac{H + V}{R}$	ISDR，2002
H—V—E	$Risk = f(H, V, E)$	Schneider，2001
H—V—E—P	$Risk = \frac{H \times V \times E}{P}$	张继权，2006
H—V—E—R	$Risk = f(H, V, E, R)$	Guo，2014

注：H 为致灾因子危险性；V 为脆弱性；R 为韧性；E 为暴露度；P 为防灾减灾能力。

1.3.3 复杂适应系统理论

复杂适应系统理论的是复杂性科学的重要基础性理论，在经济系统、生态系统和社会系统等领域都获得了广泛的运用。1994 年，Holland 的第三代系统理论中，创新性首次提出“适应性主体”的概念，认为系统中各类主体具有较高的适应性和学习能力，能够通过物质流、能量流和信息流等与环境以及其他主体进行交互，调整结构和行为方式，促进整个系统的发展、演化或进化。在此基础上，Holland 提出复杂适应系统理论通用的 7 个基本点，包括 4 个特征（聚集、非线性、流、多样性）和 3 个机制（标识、内部模型、积木）（表 1-5），这 7 个基本点是复杂适应系统的充要条件

（高伟，2012）。城市作为典型的复杂巨系统，具备复杂适应系统的基本特征。从复杂适应系统理论角度分析和解释城市发展与演变规律，对于认知和管理城市复杂系统提供了新思路和研究途径。

复杂适应系统理论的基本点内容归纳　　表 1-5

基本点	关键词	注释
聚集	涌现	系统内具有较高相似程度的主体通过空间聚集效应和相互作用，形成较大的多个体的复杂聚集体以及多样化的适应性行为
标识	选择	标识是主体相互作用的基础，系统内部对不同主体进行分类、标识和层次划分，能够促进系统互补与协调运行，为适应性主体间识别竞争还是合作提供基础
非线性	复杂	主体在与环境交互过程是非线性关系，其适应过程中有诸多的不确定性，不能用线性模型解释
流	循环	复杂适应系统中的各主体之间存在能量、信息、价值、交通等不同形式的资源流动，从而实现资源和信息的配置以及系统持续发展
多样性	协调	复杂适应系统中的各主体和系统本身具有多样性，微观层面包括主体多样性、行为多样性、组织结构多样性等，宏观层面包括区域特征和作用机制具有多样性，使得系统演化趋于复杂
内部模型	预知	系统中各主体在自组织和他组织交互作用中有显著能量的输入—输出特征，并能够将选择的相应行为模式转化成内部结构的变化，最终构建系统演化的内部模型
积木	组合	复杂适应系统中的各类主体、层次、内部模型乃至系统本身都是由各类相对独立的不同构筑块组合而成的，其多样性来自于积木的多种组合形式

基于复杂适应系统理论的城市实证研究与实践探讨也开始增多，Manesh（2011）、Nyström（2003）等人基于 CAS 理论构建复杂适应系统理论框架，认为城市系统包括出动态和自适应、系统阈值、多重反馈、多层次等特征。Giacomoni（2013）等人将 CAS 理论应用于构建土地利用、水文循环、人口增长、居民用水和跨流域调水的多维度复杂自适应系统方法，实现城市水资源规划和

动态管理。高见（2020）、王国强（2020）等人相继从不同角度揭示CAS理论的非线性、自适应性、多样性等特征在城市更新、发展建设、社区治理等实践案例中的具体运用，优化创新城市规划的理论机制。刘春成（2017）较全面地介绍了城市复杂适应系统的特点，并从传统村落人居环境复杂适应系统角度分析了乡村旅游系统适应机制，做出诸多探索。

总体而言，复杂适应系统理论能够为城市规划、地理学等多学科的研究提供相关理论借鉴和实践参考，但仍存在两个方面的问题：第一，城市系统作为复杂巨系统，城市发展机制的评估应当采取多尺度、多要素、多层次、多目标的系统综合评价研究，当前并未形成基于复杂适应系统理论的完整理论框架，有待在不同领域进行探索和总结；第二，复杂适应系统理论包括7个基本点，相关理论过于复杂抽象，与城市实践难以真正整合，理论框架不能描述和预测城市主体的行为细节。

1.3.4　协同理论

协同理论源于希腊文Synergetic，指的是“合作的科学”。1977年，哈肯创立了协同理论，认为开放性系统内部存在与外界保持紧密联系的各级子系统，系统间能够通过物质、能量或信息交换等方式进行相互联系、相互竞争、相互作用，自发形成整体的协同效应或者一种有序的新结构（贾先文，2021）。协同理论的观点构架由序参量原理、协同效应、伺服原理、自组织原理组成。具体原理概念如下：

（1）序参量原理指系统内部由于受子系统的自发、独立、无规则的运动状态以及子系统之间的协同运动影响，往往处于稳定到不稳定或从不稳定到稳定的相互转换。在转换过程中，序参量在对整个系统产生影响，根据影响方式和强度的大小，将其分为快弛豫参量和慢弛豫参量。快弛豫参量临界阻尼大，仅在短时间内发挥作用，对系统的演化过程、临界特征和发展前途不起明显作用；慢弛豫参量只有一个或几个临界无阻尼现象，在系统的演化速度和进程中始终起着作用，起着支配子系统的主导作用。

（2）协同效应指在复杂协同系统内，各子系统在序参量以及外部能量、物质输入影响下，系统之间产生相互作用、相互耦合的效应。

（3）伺服原理指在系统临界转化过程中的序参量发挥不同的作用。当系统处于稳定有序的平衡态时，序参量的作用不甚明显；当系统逼近临界点，发生剧烈变化时，这些序参量即发挥出决定性作用，慢弛豫参量支配快弛豫参量，这些序参量即发挥出决定性作用，最终主导系统的演变方向；一旦控制参量达到或超过“阈值”，系统原本的稳定有序的平衡态就会被打破，并重新进入一种稳定有序的状态，完成由“旧”状态到“新”状态的阶段性演化。伺服原理为更好地理解系统运动变化过程中各子系统的不同地位和作用差异提供了理论依据。

（4）自组织原理指系统能够在没有外部指令的情况下，内部各要素以及各子系统按照某种规则进行作用，并与外部环境发生能量和物质的交换，从而自发形成一定的有序行为结构。

从整体上看，协同理论主要包含两层含义：第一，系统内部各要素相互竞争、相互配合、相互作用；第二，系统从一种状态发展为另一种状态的过程中，各子系统以及系统内部序参量能够推动系统从无序运动变为有序运动，进而产生新的质变过程。目前，协同理论应用在自然科学、社会科学领域的组织现象的分析、发展、转型和决策等过程分析正在广泛的应用（张健，2020），如在突发事件的应急响应过程中，各多元主体之间的相互协调、充分发挥各主体的优势，突破单一主体主导下的劣势，从而使应急处置更有效率，实现系统韧性非线性式上升发展。

1.3.5 可持续发展理论

随着全球社会经济的发展，城市发展理论经历了由“增长理论”到“发展理论”，再到“可持续发展理论”的转变过程。相比先前的理论实践，可持续发展理论是一种针对生态保护前提和字眼约束问题的新兴的理论战略。自1980年联合国环境规划署（UNEP）、世界自然保护基金会（WWF）、国际自然保护联盟（IUCN）三者共同发布的《世界自然保护大纲》中，首次将可持续发展定义为“能够持续优化人类生活质量，其发展程度不超过生态系统的支持底线”，认为发展不只是单纯的经济快速增长，而是经济、环境和社会的综合高质量协同。联合国在1987年发布的《我们共同的未来》中，强调可持续发展理论下的城市发展应当既能够满足当代人的需求，又不损害子孙后代满足其需求能力的发展。1989年，第15届联合国环境署理事会通过的《关于可持续发展的声明》对相关理论概念进行补充，认为可持续发展系指满足当前需要又不削弱子孙后代满足其需要之能力的发展，而且绝不包含侵略国家主权的含义（于润冰，2011）。

伴随《21世纪议程》和《变革我们的世界：2030年可持续发展议程》的提出，可持续发展的概念内涵不断丰富，核心是关注生态持续、经济持续和社会持续三者的动态关系。这三个方面并非简单的线性叠加或者并列替代关系，而是与城市发展阶段相关的复杂的包含互补关系。城市发展一般经历启动期、发展期、成熟期、衰退期四个阶段，在前两个阶段，城市环境问题并非是制约城市可持续发展的因素，经济增长成为城市发展的内生动力，促使城市快速发展；在成熟期阶段，逐渐关注社会文化的自我完善和发展，提升城市发展质量；而当城市达到衰退期，城市的人口与社会、环境容量、资源等逐渐成为可持续发展的限制性因素，强调以人为本的核心理念，更加突出公平正义、生活质量和人的全面发展的重要意义。整体上看，可持续发展应当在保护自然的前提下，通过提高效率、改变传统的生产消费模式以鼓励经济增长，改善提高居民生活质量，实现三者共融的持久、包容的城市可持续发展前景。

可持续发展理论的扩展性研究集中在20世纪80年代末至90年代，由部分学科关联性研究向综合性复合型概念研究发展，涉及为地学、生物学、生态学、经济学、生态学、地理学及社会学等多个学科领域，多关注城市尺度的可持续发展，其理论探索虽然开始较早，但尚未形成完整的理论体系。本书基于城市发展理论基础以及可持续发展方面所取得的成果，以城市多目标协同论、城市 PRED 系统理论、城市发展控制论和城市生态学理论为基础（李松志，2006），结合城市可持续发展的实践应用，整理了城市可持续发展的基本理论（表 1-6）。

城市可持续发展的基本理论　　表 1-6

基本理论	理论基础	主要观点
城市多目标协同论	协同论、区域多目标协同论	• 城市内部存在多个发展目标，其目标之间存在相互影响、相互制约的作用 • 城市可持续发展应当以生态可持续目标为基础、经济可持续目标为主导、社会可持续目标为根本目的，实现多目标、多层次体系下经济、社会、生态三者共融的体系
城市 PRED 系统理论	系统论、区域 PRED 系统理论	• 城市是由 PRED 构成的自然、社会、经济、人口共同组成的复杂系统，人口是系统的关键性要素 • 系统与环境的协同作用是城市 PRED 系统的外在条件和内在动力，有利于推动系统的自组织演变过程
城市发展控制论	控制论、区域发展控制论	• 城市发展是以人为主题的动态的可控制的过程，信息反馈是城市发展控制的基本方法 • 不同形式、不同载体的信息要素在城市间迅速的流动、反馈，有利于城市持续发展的调控，并推动城市活动以有序、稳定、平衡的方向发展
城市生态学理论	生态原理、生态学理论	• 城市是遵循生态原理和规律，以人为中心的、典型的社会—经济—自然复合生态系统 • 城市内部各类物流、能流、信息要素流动，有助于维持城市的新陈代谢效应 • 生态学的基本理论体系包括生态系统理论、生态位理论、最小因子理论和生态基区理论等

参考文献

[1] Ahern, J. From fail-safe to safe-to-fail: Sustainability and resilience in the new urban world [J]. Landscape and Urban Planning, 2011, 100 (4), 341–343.

[2] Alexander, D. E. Resilience and disaster risk reduction: An etymological journey [J]. Natural Hazards and Earth System Sciences, 2013, 13 (11), 2707–2716.

[3] Allan P, Bryant M. Resilience as a framework for urbanism and recovery[J]. Journal of Landscape architecture, 2011, 6 (2): 34-45.

[4] Bruneau M, Chang S E, Eguchi R T, et al. A framework to quantitatively assess and enhance the seismic resilience of communities [J]. Earthquake spectra, 2003, 19 (4): 733-752.

[5] Campanella, T. J. Urban resilience and the recovery of New Orleans [J]. Journal of the American Planning Association, 2006, 72 (2), 141–146.

[6] Edgar, M. Science avec conscience. Peking University Press, 2001.

[7] Elmqvist T, Folke C, Nyström M, et al. Response diversity, ecosystem change, and resilience [J]. Frontiers in Ecology and the Environment, 2003, 1 (9): 488-494.

[8] Giacomoni M H, Kanta L, Zechman E M. Complex adaptive systems approach to simulate the sustainability of water resources and urbanization [J]. Journal of Water Resources Planning and Management, 2013, 139 (5): 554-564.

[9] Guo E, Zhang J, Ren X, et al. Integrated risk assessment of flood disaster based on improved set pair analysis and the variable fuzzy set theory in central Liaoning Province, China [J]. Natural hazards, 2014, 74 (2): 947-965.

[10] Hernantes, J., Marana, P., Gimenez, R., Sarriegi, J. M., & Labaka, L. Towards resilient cities: A maturity model for operationalizing resilience [J]. Cities, 2019, 84, 96–103.

[11] ISDR U N. Risk Awareness and Assessment in Living with Risk [R]. Geneva: UNISDER, UN, WMO. Asain Disaster Reduction Center, 2002.

[12] Keskitalo, E. C. H. (Ed.). Developing adaptation policy and practice in Europe: Multilevel governance of climate change (pp.1–38) [M]. Dordrecht: Springer, 2010.

[13] Mal S, Singh R B, Huggel C, et al. Introducing linkages between climate change, extreme events, and disaster risk reduction [M]//Climate change, extreme events and disaster risk reduction. Springer, Cham, 2018: 1-14.

[14] Manesh S V, Tadi M. Sustainable urban morphology emergence via complex adaptive system analysis: Sustainable design in existing context [J]. Procedia Engineering, 2011, 21: 89-97.

[15] Schmidt J, Matcham I, Reese S, et al. Quantitative multi-risk analysis for natural hazards: a framework for multi-risk modelling [J]. Natural hazards, 2011, 58 (3): 1169-1192.

[16] Wildavsky A B. Searching for safety [M]. Transaction publishers, 1988.

[17] Wisner B, Blaikie P, Cannon T, et al. At risk: natural hazards, people's vulnerability and disasters [M]. Routledge, 2014.

[18] Yijun S., Guofang Z., Lihua X., Shutian Z., Yuwen L., Hongbo L., Wei H. Assessment methods of urban system resilience: From the perspective of complex adaptive system theory [J]. Cities, 2021, 112: 103141.

[19] 仇保兴．基于复杂适应系统理论的韧性城市设计方法及原则［J］．城市发展研究，2018，25（10）：1-3．

[20] 高见，邬晓霞，张琰．系统性城市更新与实施路径研究——基于复杂适应系统理论［J］．城市发展研究，2020，27（02）：62-68．

[21] 高伟，龙彬．复杂适应系统理论对城市空间结构生长的启示——工业新城中工业社区适应性空间单元的研究与应用［J］．城市规划，2012，36（05）：57-65．

[22] 韩自强，刘杰．联合国倡导下的韧性城市建设：内容、机制与启示［J］．中国行政管理，2022（07）：139-145．

[23] 贾先文，李周，刘智勇．行政交界区生态环境协同治理逻辑及效应分析［J］．经济地理，2021，41（09）：40-47．

[24] 金菊良，郦建强，周玉良，等．旱灾风险评估的初步理论框架［J］．灾害学，2014，29（03）：1-10．

[25] 孔锋，韩淑云，王一飞．透视我国城市综合灾害防御能力建设及其提升方略［J］．灾害学，2022，37（01）：30-34．

[26] 刘春成．城市隐秩序——复杂适应系统理论的城市应用［M］．北京：社会科学文献出版社，2017．

[27] 赖世刚．复杂城市系统规划理论架构［J］．城市发展研究，2019，26（05）：8-11．

[28] 李南枢，宋宗宇．复合空间视角下超大城市韧性建设的困境与出路［J］．

城市问题，2021（09）：28-37.
[29] 李松志，董观志．城市可持续发展理论及其对规划实践的指导 [J]．城市问题，2006（07）：14-20.
[30] 林伟斌，孙一民．基于自然解决方案对我国城市适应性转型发展的启示 [J]．国际城市规划，2020，35（02）：62-72.
[31] 欧阳莹之．复杂系统理论基础 [M]．上海：上海科技教育出版社，2002.
[32] 石龙宇，郑巧雅，杨萌，等．城市韧性概念、影响因素及其评估研究进展 [J]．生态学报，2022，42（14）：6016-6029.
[33] 史培军，孔锋，叶谦，等．灾害风险科学发展与科技减灾 [J]．地球科学进展，2014，29（11）：1205-1211.
[34] 史培军．四论灾害系统研究的理论与实践 [J]．自然灾害学报，2005（06）：1-7.
[35] 史培军．五论灾害系统研究的理论与实践 [J]．自然灾害学报，2009，18（05）：1-9.
[36] 滕五晓，罗翔，万蓓蕾，毛媛媛．韧性城市视角的城市安全与综合防灾系统——以上海市浦东新区为例 [J]．城市发展研究，2018，25（03）：39-46.
[37] 王国强，刘松茯．存量时代城市建筑遗产的复杂适应性研究——以哈尔滨市为例 [J]．现代城市研究，2020（08）：108-114.
[38] 于润冰，荼娜．不同学科下可持续发展理论研究特点 [J]．中国人口·资源与环境，2011，21（S2）：447-450.
[39] 张继权，冈田宪夫，多多纳裕一．综合自然灾害风险管理——全面整合的模式与中国的战略选择 [J]．自然灾害学报，2006（01）：29-37.
[40] 张健，阮征，芮旸，等．协同学视角下的村域贫困风险耐受度诊断——以陕西省平利县为例 [J]．人文地理，2020，35（04）：64-73.
[41] 翟国方，邹亮，马东辉，汤放华，刘复友，赵志庆，黄富民，王培茗．城市如何韧性 [J]．城市规划，2018，42（02）：42-46 + 7.
[42] 周干峙．城市及其区域——一个典型的开放的复杂巨系统 [J]．城市规划，2002（02）：7-8 + 18.
[43] 周姝天，翟国方，施益军，等．城市自然灾害风险评估研究综述 [J]．灾害学，2020，35（04）：180-186.

第二章　城市灾害与韧性的国内外研究进展

2.1　城市灾害研究进展

城市灾害是由各类致灾因子危险性、孕灾环境、城市脆弱性等要素共同致使的自然社会事件，为城市系统功能的可持续发展带来破坏和扰动性影响。在城市灾害的分类上，通常用以下两种方式划分。根据致灾因子的不同，城市灾害可以分为地震灾害、水旱灾害、火灾、地质致灾、气象致灾、疫病致灾、环境公害致灾、交通事故致灾、工程质量事故致灾、战争与恐怖袭击致灾、技术事故致灾；根据公共事件性质和影响程度，《中华人民共和国突发事件应对法》将产生灾害划分为自然灾害、事故灾难、公共卫生事件、社会安全事件四类，并根据严重程度分为四级，即Ⅰ级（特别重大）、Ⅱ级（重大）、Ⅲ级（较大）和Ⅳ级（一般）。随着城市灾害概念和认知的不断演绎，国内外学者对城市灾害的研究取得了一定的研究成果，主要研究如下：

2.1.1　城市灾害特征与研究内容演变

城市灾害已成为影响国内外城市安全管理工作以及提升防灾减灾能力亟待解决的问题，也是制约经济社会发展的重要因素。在城市灾害的研究中，国外学者较早提出了城市灾害系统存在连锁效应、诱发效应、级联效应等现象，认为灾害之间能够相互触发关联，并作用在社会系统上（Menoni，2001；Helbing，2013）。Dombrowsky（2005）认为灾害之间存在并发性、串发性的演化扩散的特征，一类灾害具有高可能性以衍生另一种灾害。国内学者多关注灾害系统中的承灾载体，从人、物、系统三个维度探讨灾害风险在不同载体之间的时空扩散、传导过程。周洪建等学者认为灾害对城市系统的破坏力体现在本体破坏和功能破坏两方面，强调城市应当适度提升工程韧性、结构韧性能力，增加承灾载体的抵抗灾害的能力。研究大部分处于定性分析与描述阶段，少数学者建立数学、物理模型以探索灾害链形成机制、风险评估、损失评估（范海军，2006；史培军，2009）。

面对各类城市灾害的相互交织、叠加渗透，传统的被动防灾研究仅从致灾因子之间的相互作用来认识灾害系统的复杂性，已无法满足未来城市韧性发展的需求。翟国方（2020）等学者的城市灾害研究由关注灾害发生可能性和财物损失、伤亡等发生后果的影响程度，逐渐转向为对灾害风险系统的承灾体暴露度、脆弱性、致灾因子危险性、孕灾环境敏感性、城市防灾减灾能力等角度量化评估城市灾害风险，认为防灾减灾能力对于提升城市自身的韧性以消化和吸收灾害风险，维持和恢复城市稳定发展具有重要作用，并对灾害特征进行重新定义（表 2-1）。

复杂性认知下的灾害特征及含义　　表 2-1

灾害特征	含义
不确定性	无论是自然灾害、社会事件，灾害发生的事件、地点、概率、规模强度、损失程度和动力学规律均难以预测和控制，具有随机性
突发性	地震、恐怖袭击等多数城市灾害的发生具有很强的突发性，在短暂期间造成城市较大的防灾难度和城市损失破坏
衍生性	城市灾害的风险源沿着灾害链进行能量和物质传递、转化，往往会出发一系列的衍生灾害。城市灾害的衍生性程度，与城市空间地理距离、灾害类型、灾害发生强度、作为位置具有较高的关联性
高损性	城市的高损性指的是具有较高人口、建筑、资产、文化密度的城市，更易暴露在灾害风险中，相同程度的灾害能够造成更为严重的损失破坏，其损失明显高于乡村地区
扩散性	城市灾害的影响往往从源发生地区，在一定空间影响范围内，通过强化和扩散效应波及其他的地区
可防御性	城市可以通过优化基础设施完备度、防灾设施标准、居民防灾意识等防御措施，提升城市应对灾害风险的抵御吸收能力，大幅度减少灾害带来的经济社会损失

续表

灾害特征	含义
社会性	城市灾害不仅包括人员伤亡和物质财产损失，个人、组织及社会暴露于灾害事件或灾害影响下，更易导致城市居民的心理脆弱性和社会的动荡不安，引发社会矛盾冲突
危险性	灾害危险性包括致灾因子的诱发因素、环境事件、历史状况，能够反映灾害的破坏影响强度和灾情严重情况
易损性	城市灾害易损性指的是灾害发生后的承灾体的损失程度和潜在的损失风险，由承灾体的破坏风险和承灾体的社会性参数决定。易损性往往采用财产数量和生命数量进行量化表征，与城市基础设施、生命线系统的连通性、建筑防灾标准、应急管理效率密切相关

2.1.2 城市灾害评估方法

（1）基于灾害链的城市灾害评估方法

城市灾害作为一种能量、物质等要素超出一定阈值范围后、对承灾载体和环境产生负向作用的形成过程，即灾害链往往具有一定的发展规律性，相关研究从作为致灾因子的承灾体的固有危险性和作为孕灾环境的承灾体的传导关联性两方面，探究灾害链的发展规律性特征。史培军（2002）将自然灾害中的四类灾害链进行总结，并通过将每条灾害链的每一层级的关键承灾体进行判别，认为处于较前灾害链层级或处在多个灾害链层级的承灾体，受到灾害冲击的危险性更大。部分学者认为承灾体之间多元的关联方式致使了灾害链的复杂孕灾环境，具体包括关键基础设施的依存关系，功能、空间关联，地理区位、物理作用、信息输入、逻辑推演关联等方面（Ouyang，2014；Rinaldi，2001）。

基于灾害链的城市灾害评估方法多通过对灾害链的形成与时空扩散机理、演化特征进行定性描述与定量分析。具体包括基于数据的概率分析方法、基于复杂网络的研究方法和基于遥感实测的研究方法等（表 2-2）。

基于灾害链的城市灾害评估方法　　表 2-2

方法	原理	案例	局限
基于数据的概率分析方法	灾害链扩散涉及地理关联和功能关联，即两个存在区位临近或物质信息依赖关系的承灾体间更容易实现灾害传导。基于数据的概率分析方法通过构建灾害链事件树以分析原生灾害事件后引发次生衍生灾害事件的类型和风险概率	· Badal（2005）等人运用贝叶斯网络模型对灾害链下各种灾害的成灾概率、人员伤亡、建筑结构损毁程度进行分析探讨 · Helbing（2003）构建灾害链下各类灾害事件的关联性物理学主方程，以分析灾害事件的时间变化特征	该方法仅仅关注致灾因子之间的复杂作用关系，缺少对孕灾环境、承灾体脆弱性等要素的充分考量
基于复杂网络的研究方法	复杂网络理论是工程科学、数理科学、信息科学、生命科学和社会科学等多学科交融的产物，其理论概念与灾害链相近，能够用于研究灾害链的网络演化过程。首先通过案例或逻辑判断的方式判断建立灾害链复杂网络，将灾害链中各类灾害作为网络节点，灾害事件的作用关系作为节点的边，灾害损失作为网络节点所处的的状态。其次基于已构建的基本动力学演化过程模型评估网络演化特征	· 吴书强（2022）运用复杂网络理论模型，对高校火灾灾害事件的拓扑结构、演化特征、风险程度进行分析表征 · 陈长坤（2009）基于 2008 年南方雨雪冰冻灾害危机事件，运用复杂网络理论，将事件演化分为 4 种类型，构建了冰雪灾害事件演化的网络结构并分析了演化构成和衍生链特征	当前研究只强调灾害链复杂网络的复杂演变过程，难以衡量其余影响要素作用程度，难以精确地描述现实情况的灾害影响场景
基于遥感实测的研究方法	该方法基于航空影像、卫星遥感图像以及实地勘测数据，实现灾害链的综合观测和研究评价	· 范建容等人基于四川汶川地震灾害事件，利用多源遥感数据获取灾区主要堰塞体的空间分布以及诱发灾害信息 · 崔鹏等人利用汶川地震后的航空影像数据进行遥感解译，并结合野外实际考察数据，构建堰塞湖灾害危险性评估指标	遥感技术的精度存在限制，目前多应用于地质灾害，其余灾种较少

基于灾害链的城市灾害评估方法能够适用于一定研究区域内不同灾害共同作用下的城市灾害风险评价，受到国内外学者的高度关注，在概念定义、灾害链类型、形成机理、构成要素、实际案例等方面展开研究（史培军，2002）。然而，仍未形成完整统一的理论与方法体系，仍存在以下几点问题：① 多集中在台风灾害链、地震地质灾害链的研究，对其他灾害链关注较少；② 灾害链形成演化、灾害特征等定性分析较多，数学、物理模型等定量化方法不足；③ 灾害链研究与防灾减灾规划实践技术结合性不强，难以应用到实际城市安全管理工作之中。随着相关探索与实践的积累，城市灾害的研究将不断推进和完善，为城市综合防灾减灾工作和韧性实施方法提供有益的借鉴作用。

（2）基于灾害系统的城市灾害评估方法

基于灾害系统的城市灾害评估方法主要关注城市灾害系统中的孕灾因子、致灾因子、承灾体各要素共同组成的可能性灾害风险，根据现有风险要素、产生原因、损失影响程度，基于相关数学处理方法以模拟评价最坏事态下城市各项设施以及生命线工程、经济社会环境的抗灾能力，并进一步探索城市韧性提升路径。根据灾种的多寡，可以划分为单灾种城市灾害评估和多灾种城市灾害评估。

① 单灾种城市灾害评估

目前，许多学者关注地质灾害和洪水等一种灾害类型所造成的城市风险，根据对相关文献的整理，具体包括定性评价和定量评价两种。定性评价包括专家会商法、检查表法、类比法、现场调查法、德尔菲法、头脑风暴法、故障类型与影响分析法、经验分析法、风险矩阵法等，定量评价包括指标体系法、实证研究方法和系统仿真方法等。下面简单介绍基于灾害系统的主要城市灾害评估方法（表 2-3）。

伴随气候变暖、海平面上升等自然或人为因素的扰动，以及国内外灾害系统与城市风险认知的研究的日益复杂性、多元化特征，传统城市灾害评估仅关注单一灾害风险要素对城市的影响，难以表征现实情境下多灾害的相互作用和耦合关系，使得城市灾害评估结果准确性、科学性不高。当前，城市灾害评价方法逐渐转向多灾种综合风险评估，并延续采用单灾种风险评估方法。两类城市灾害评估方法的区别在于风险综合的方式，即如何选用合适的数学模型表示不同灾害的作用关系。

基于灾害系统的城市灾害评估的主要研究方法　　表 2-3

方法及类型	原理	案例	问题
专家会商法（定性）	通过专家集体讨论的方式对城市灾害风险进行评估，首先对灾害类型、成因进行探讨，并对相关意见和建议进行总结归纳，形成风险评估报告	·2009 年，广东省对墨西哥猪流感疫情评估过程中，主要采取专家会商法，组织疫情评估，认为人感染 H1N1 猪流感疫情的国际流行趋势，广东省不可避免会出现输入性病例，并从人员流动管控方面提出应对措施	研究结论主观性较强，易受少数“权威”专家以及主要专家的研究方向的影响
德尔菲法（定性）	通过对各专家进行多次单独的问卷交流和访谈，保证专家独立发表意见，并最终形成符合多数专家基本一致的风险评估的结果	·德尔菲法突发性公共卫生事件风险评价问卷从鼠疫、霍乱、传染性非典型肺炎等危害因素的影响程度、可能性、危害发生概率、脆弱性等方面进行打分，整理为突发急性传染病风险发生概率评分表	前期数据需求量较大，准备时间、评估周期长
风险矩阵法（半定量）	风险矩阵法主要将灾害的危险程度以及发生灾害后的危险性划分不同的等级，并由经验丰富的专家进行打分评估，形成对某类灾害的风险矩阵，确定风险等级	·赵东风（2015）等人将承灾体的脆弱性和后果的严重性军划分为五级，判断青岛市整体风险等级，与可接受风险水平进行比较，提出未来防灾减灾措施 ·我国《滑坡崩塌泥石流灾害 1：50000 调查规范》根据地区受威胁的人数和直接经济损失两方面，将危害程度划分为 4 级，进行风险评估	风险判断主观性较高，参与评估的专家人数不得过少，且应对该地区灾害类型具有较高的了解程度和专业水准

续表

方法及类型	原理	案例	问题
指标体系法（定量）	根据空间尺度、研究区特征、灾害类型等方面选取指标，采用层次分析法、模糊逻辑、主成分分析、专家打分法等方法赋予指标权重，并选用概率统计、指数法、模糊数学方法、灰色系统方法等数学方法以测度城市灾害风险程度	• Pelling（2004）等人基于经济、经济活动类型、健康和卫生条件、环境质量和依赖性、人口、灾前预警能力、教育、发展 8 个维度构建社会经济环境的灾害脆弱性评价指标 • 史培军（2005）从区域灾害系统组成方面，选取致灾因子风险性、孕灾环境敏感性和承灾体易损性共同构成城市灾害系统的风险评估体系	指标选取和权重选择存在较高的主观性，受数据获取限制，较少的指标也难以表征城市灾害的风险量级。研究尺度仅适用于城市及以上的区域尺度
历史灾情评估法（定量）	基于调查的城市灾害数据，采用数据包络分析、回归分析、随机分析法、模糊分析法等数理统方法对城市灾害风险进行分析评价	• Benito（2004）等人基于不同文献中的古洪水数据、历史洪水数据、雨量站数据，模拟重建不同区域的古洪水情景。基于地质学、统计学、水力学的相关理论和技术工具，优化极端洪水风险的评估方法 • 方建（2015）基于致灾因子危险性、孕灾环境稳定性、承灾体脆弱性的角度，采用人口、GDP、全球范围内的降水、径流量等数据，对国家、网格、流域不同尺度的区域洪水灾害经济和人口风险进行评估	该方法需要长时间序列的数据类型，评价结果往往反应区域整体风险，难以探讨空间差异下的灾害影响程度以及损失情况
遥感影像评估法（定量）	根据灾害发生期间的遥感影像数据对灾害影响受灾情况，采用数据包络分析、回归分析等方法进行城市脆弱性和灾害损失评价	• 朱静（2010）选取文山城 20 年一遇山洪灾害事件，采用遥感和 GIS 方法实现山洪水位和洪峰流量相结合下的淹没分析、易损性分析和期望损失评估的价值计算	该方法受制于遥感影像的分辨率和影像解译的准确率，难以获取详细信息，如洪涝灾害后的淹没水深和地表流速等关键信息

续表

方法及类型	原理	案例	问题
情景模拟评估法（定量）	采用系统动力学、多智能体、复杂网络模型等数学模型对城市不用灾害类型的发生过程和损失情况进行模拟评估，预测未来灾害情景下的城市风险状况	• Benito（1996）选取2500多条西班牙历史洪水数据库记录，基于当前气候洪水产生条件，模拟洪水频率和风险影响 • 叶陈雷（2022）等人基于 SWMM 与 InfoWorks ICM 建立洪涝模拟模型，对福州市主城区某街区进行不同的降雨情景的淹没与危险性分布模拟与空间分析，量化城市灾害风险	模拟预测值受选取模型参数影响较大，与现实状况仍存在一定差距

② 多灾种城市灾害评估

根据是否考虑多灾种之间存在的多米诺效应、耦合关系、级联效应等关系，可以将多灾种城市灾害评估划分为灾害叠加视角和灾害耦合视角（周姝天，2020）。下面对两类方法分别进行阐述。

第一类是灾害叠加视角：灾害叠加视角可以划分为“风险结果的综合”和“风险要素的综合”两类：

（a）风险结果的综合。

该方法基于灾害系统风险理论，采用相关数据分析方法得出单灾种的城市灾害评价结果，并采用一定方法综合评估结果以获得多灾种城市灾害风险。

$$R=\sum f_i(H_i,\ E_i,\ V_i) \tag{2-1}$$

式中，H、E、V 分别表示致灾因子、暴露度和脆弱性；i 表示灾害种类；Σ 表示综合过程，如叠加或加权叠加等，但不限于此。UNDRO模型和EPC模型均考虑了地震、洪水、滑坡等多灾种的影响，根据各类灾害损失风险评估成果，叠加得到多灾种综合风险地图（UNITED NATIONS DISASTER RELIEF ORGANIZATION，

1991；EMERGENCY PREPAREDNESS CANADA，1992）。

（b）风险要素的综合。

从灾害系统视角出发，该方法首先分别计算研究研究区域内的致灾因子危险性、暴露度和脆弱性，再通过一定过程计算多致灾因子综合危险性和多致灾因子的综合脆弱性，得到多灾种风险：

$$R=f\left(\sum H_i,\ \sum E_i,\ \sum V_i\right) \tag{2-2}$$

式中，H、E、V 分别表示致灾因子、暴露度和脆弱性；i 表示灾害种类；Σ 表示综合过程。在处理各类灾害灾情数据和承灾体脆弱性指标数据时，国内外学者多选择模糊转换函数构建逐级放大的多灾种风险评估软层次模型实现灾种的量纲，采用模糊综合评判方法构建灾害风险度评估模型实现多灾种风险的综合（薛晔，2012；Araya-Muñoz，2017）。但是，灾害叠加视角仅仅考虑数理视角的灾害叠加，不同灾害的引发因素、灾害周期、空间分布、空间规律、预期强度、发生概率存在着较大的差异，难以在同一空间内部进行简单的比较叠加，难以体现不同致灾因子下的区域差异情况。

第二类是灾害耦合视角：灾害耦合视角关注复合型灾害对城市的风险影响，即一种灾害引发了衍生性灾害后果，多种致灾因子并发或耦合所导致的总体灾害风险结果。多灾种灾害风险为主的灾害耦合视角研究不仅深化了理论层面对致灾因子相互作用规律的认知，以及评估方法上实现致灾因子在成因、过程、后果中的时空关系，越来越受到相关学者的关注。欧盟委员会联合研究中心构建 JCR 多致灾因子评估模式，以此减轻城市灾害综合风险；美国针对地震、洪水、飓风等城市灾害进行多灾种风险评估；欧洲空间观测网络结合自然灾害和技术性灾害，建立基于两类灾害时空分布特征的多灾种综合风险评估框架（明晓东，2013）。灾害耦合视角的研究对象多选取自然灾害，研究内容主要集中在灾害链和灾害群理论模型、地下能量聚散与干旱、旱涝、地震灾害的关联性、链式效应数学关系等灾害机理研究（李双双，2017；刘爱华，2015）。

灾害耦合视角下的多灾种城市灾害评估目前仍处于理论模型为主的阶段，现有方法的耦合规则和模型构建中仍存在较多的主观性指标以及定性方法的运用，适用于不同地区、灾害组合的多灾种风险耦合模型及其实证研究较少。此外，当前研究方法仅能分析两三种存在较强灾害链关系的灾害，如地震－滑坡、洪涝－泥石流、干旱－热浪等组合，缺少更为复杂的灾害组合分析，如洪水和地震。

2.2　城市韧性研究进展

在“韧性”概念由机械工程向城市规划迁移的过程中，经历了从“工程韧性”到“生态韧性”，再到“演进韧性”几个阶段。“工程韧性”反映物理性能，表征单一稳态下的系统恢复力；“生态韧性”将扰动视为学习机会，强调系统经历重大扰动之后保持稳定的能力；而“演进韧性”则关注系统的动态变化，强调在系统稳态维持过程中的自组织和适应能力，其概念契合现代城市面对复合多元风险的学习性、适应性、动态性响应要求（表2-2）。通过梳理城市韧性理论的主要内容和相关评估方法，可以为城市韧性研究提供借鉴和参考，主要研究内容如下：

2.2.1　城市韧性理论体系的形成与发展

城市韧性理论的发展是城市安全和可持续发展的重要途径和组成部分。城市作为人类生产生活的产物，其经济社会的高度集中、基础设施不断完备以及城市建成区的高度扩张，促使环境保护、城市安全等韧性城市规划理论的出现。国内相关韧性研究开始较早，如《周礼·考工记》中“匠人营国，方九里，旁三门。国中九经九纬，经涂九轨。左祖右社，面朝后市。市朝一夫”，以及《管子·乘马》的山水有机营城思想，“天人感应”“道法自然”的哲学观，《黄帝内经》中“上工治未病”的思想可用于城市灾害风险评估、灾前监测预警的全系统建设理论，逐渐完善我国古代应对城市灾害的城市韧性传统认识论和方法论。通过寻求合理的城市营建范式，构筑城市可适应灾害的韧性格局。国外学者更加关注城市可持续下的韧性城市理论，如1842年英国颁布的《公共卫生法》和1850年欧美许多城市推动的以纽约中央公园为主的城市美化运动，解决城市因环境污染造成的城市卫生问题，提高人居环境韧性；20世纪60年代以来提出的《雅典宪章》和《马丘比丘宪章》的重要思想纲领性文件，从经济、文化、建筑、社会等方面推动韧性城市改造和建设。而后众多学者从复杂适应性理论、城市应急管理体系、政策制定和公共参与、城市安全、生态可持续等方面推进城市规划理论的适应能力，也推进了城市韧性理论体系的延续发展。

至21世纪初期，倡导地区可持续发展国际理事会在联合国可持续发展峰会上，首次正式提出了城市韧性理论的概念和内涵，并将其引入到了城市公共治理领域（吴晓林，2018）。随之，在日本兵库县的联合国世界减灾会议通过了《兵库行动框架》和中国成都第二届世界城市科学发展论坛也通过了《让城市更具韧性“十大指标体系”成都行动宣言》，强调了应对城市灾害风险的韧性城市理论建设。洛克菲勒基金会启动了全球100韧性城市项目，在全球选择的100个韧性城市试点项目中，我国已有湖北黄石、四川德阳、浙江海盐和义乌四个城镇入选并参与韧性城市的理论探索和实践应用。2021年，《中华人民共和国国民经济和社会发展第十四个五年规划和2035年远景目标纲要》将城市韧性理论应用于广泛的国家城市规划建设中，提出建设宜居、创新、智慧、绿色、人文和韧性城市。随着实践和理论的完善，城市韧性理论框架逐渐发展，主要包括韧性构成要素、韧性发展阶段、韧性特征3个方面（表2-4），多数学者关注社会、经济、建筑、生态、制度等物质维度，忽略了韧性空间的时空演变特征；多集中在常态化下的城市韧性能力，对面向灾害风险的城市恢复力和应急管理能力探索较少，仍需进一步的扩展与完善。

城市韧性理论框架　　表 2-4

提出学者或组织	具体内容
韧性联盟理论框架	城市韧性研究的4个优先主题：代谢流、管理网络、建成环境、社会动力学（Lu，2013）
洛克菲勒基金会城市韧性框架	4个基本维度：健康和幸福、经济和社会、基础设施和环境、领导和策略（Rockefeller Foundation，2019）
Norris等网络化资源或能力的韧性理论模型	4套网络化的资源或能力：经济发展、社会资本、信息和通信、社区竞争力（Norris，2018）
德苏兹等	提出了包含韧性设计、规划和管理的概念框架（Desouza，2013）
社区韧性指标基准BRIC	6个主题系统：社会、经济、社区资本、制度、房屋和基础设施、环境（Cutter，2014）
Frazier等	列出了5个主要的韧性指标类别：社会、经济、制度、基础设施和社区资本（Frazier，2013）
Jha等	城市韧性包括基础设施、制度、经济和社会四个方面（Jha，2013）
社区复原力评估（CRA）	环境、社会、经济、物质和制度（Sharifi，2016）
经济合作与发展组织（OECD）	城市韧性建设应当包括经济、政治、社会和环境四个维度（OECD，2020）
方东平等	城市韧性应考虑物理、社会、信息三度空间（方东平，2017）
曾鹏	韧性城市建设包括系统韧性、格局韧性、机制韧性三个建设与发展维度（曾鹏，2022）
Zhou等	提出包含时间、空间、属性三个维度的“位置损失响应”灾害韧性模型（Zhou，2010）

2.2.2　城市韧性评估方法

城市韧性评估方法可分为定性和定量两种评估方法。定量评估往往集中在SESs理论、CAS理论等系统内在演化理论探讨、城市发展机理、韧性特征等方面（鲁钰雯，2020；Giacomoni，2013），定量评估主要围绕城市空间格局、基础设施、生态韧性、网络结构、灾害风险等不同韧性领域展开（李彦军，2022；杨正光，2022）。方法选取上，具体可分为量表法、资料法等定性方法和情景分析法、社会网络模型、指标体系法等定量方法（表 2-5）。

城市韧性评估方法　　表 2-5

方法及类型	原理	案例	局限
量表法（定性）	采用问卷量表调查或访谈法，整理社会、组织、居民群体对于城市韧性相关要素的关注度和认知程度的打分情况，统计不同选项的频率，评价城市韧性能力	• Morley（2018）选取澳大利亚两个城镇居民，采取问卷评分方法获得社会对于韧性问题的认知，为规划减轻灾害影响、提升社会以及个人应对能力提供参考依据	调研成本、时间周期过大，调研结果与受访者样本的社会属性关联性强
资料法（定性）	通过文献搜集和资料分析等方法，建立城市韧性的概念性框架，并对城市韧性能力以分类描述的方式进行主观划分	• 陈天（2021）通过整理新加坡水资源调蓄、水生态复育、水安全防控、水气候调节四个方面的韧性规划对策，分析新加坡的城市水环境韧性能力	分析结果缺少深入的数据支撑
指标体系法（定量）	通常选择可量化的指标，对原始数据标准化后，采用层次分析法、熵权法对指标进行赋权，评价城市的应对灾害的整体韧性状况	• 洛克菲勒基金会构建基于韧性组成的全球 100 韧性城市的韧性框架，包括健康及福祉、经济及社会、基础设施及环境、领导力及策略四个维度（邱爱军，2019） • Xun（2020）建立了经济、社会、市政设施和生态环境为主要维度的城市韧性指标体系	可能受数据可获得性、权重指标选择主观性影响较大，不同研究区域对比性不高
社会网络模型（定量）	该方法基于卡斯特流空间理论，借助 Unicet、Gephi 等软件评价区域网络结构韧性，探究区域网络应对灾害扰动的抵抗恢复能力	• 方叶林（2022）选取中国东部沿海五大城市群，构建旅游网络并进行韧性评估，提出中国东部沿海五大城市群旅游流网络优化路径和规划建议 • 路兰（2020）构建经济、社会、生态多维城市功能关联网络，基于传递性、多样性和中心性 3 方面评价全国各城市的结构韧性，反映其应对 2008 年国际金融危机的适应能力	区域网络结构因二值化阈值选择、信息误差、联系指标等问题，难以科学地表征现实城市联系情景

续表

方法及类型	原理	案例	局限
函数模拟法（定量）	运用判断矩阵数学函数模型表示城市不同韧性情景下的抗干扰能力及其变化状况，基于暴露—敏感性与应对能力的比值计算韧性指数	• Miles（2015）基于社区抗灾能力理论，构建了幸福、身份、服务和资本 4 个维度的 WISC 社区韧性框架，关注各类韧性要素之间的复杂交互关系 • Norris（2008）分析了网络资源、经济发展、社会资本、信息和通信、社区能力四组主要社区要素与韧性的关系	构建的数学模型难以科学表征城市系统的复杂性，缺少对韧性机制的关注
工具程序包（定量）	采用指数法、遗传算法、神经网络算法、模型模拟法等方法嵌入计算机程序，实现指标赋权和韧性模拟评估	• 联合国人居署开发“气候变化规划工具包”和“城市韧性行动规划工具”，应用于大中小城市建成区的韧性规划建设（INGRAM，2014） • ICLEI（2017）发布适用于区域层面韧性评价的“太平洋岛屿城市韧性工具包”	工具包适应尺度受一定空间范围的限制
空间分析法（定量）	将空间分析数据、遥感数据等，采用空间叠置等方法，比较分析不同城市区域间的韧性差异	• 李彦军（2022）选取长江中游城市群为研究区域，构建经济、生态、社会、基础设施和制度 5 方面的城市韧性评价体系，比较区域内部不同城市间韧性水平以及影响因素 • 孙久文（2022）选取黄河流域城市，采用莫兰指数、变异系数、斯皮尔曼相关性等方法探究不同类型城市的经济韧性特征	方法的科学性、精确性受数据来源、信息真实性影响
情景分析法（定量）	方法通过设定一个或多个情景，模拟城市功能、要素、结构的变化情形及路径选择	• 张行（2019）选择黄土丘陵沟壑区米脂县作为研究区域，基于多智能体和有序加权平均的方法对社会生态空间韧性进行未来发展情景模拟，为城市提升应对灾害预警能力提供决策支持	仅关注灾害扰动对区域产生的影响，对于系统韧性和恢复能力关注较少

续表

方法及类型	原理	案例	局限
韧性成熟度模型（定量）	将城市发展分为开始、中级、高级、强健、更高级五个阶段，并结合城市发展现状以及规划理论提出建议策略	• Sherrieb（2010）根据社区韧性的不同发展阶段，在经济发展、社会资本、信息和沟通以及社区能力等方面提出规划对策	只适用于特定的城市区域尺度，缺少城市机制复杂性的考量

从整体上看，定性评估方法具有较强的主观性，但由于科学性不足，不能够表征城市韧性的现实情况；定量评估方法往往基于数学物理模型的运用，主观感知力不足。城市韧性评估目前仍处于起步和探索阶段，主要集中在单一干扰下静态的城市韧性测度和关键性影响要素探讨，尚未出现国际学术界普遍接受的，适应区域、城市、乡村、社区等多尺度和多因素机制耦合反馈的评价方法模型，评价方法的应用与实践仍需进一步改进和完善。

2.2.3 城市韧性影响因素

根据国内外城市韧性相关研究工作，本书对城市韧性影响要素总结归纳为多元干扰压力、城市系统状态和城市应对能力三个维度。在多元干扰压力上，主要集中在地震、火灾等自然灾害方面；在城市系统状态上，研究侧重于社会、经济角度对城市韧性的影响，对城市空间受损程度、城市结构破坏考虑较少；在城市应对能力上，集中在灾中、灾后的时间维度，对城市灾前准备能力考虑不足（表 2-6）。

城市韧性影响因素　　表 2-6

影响因素	内容	信息来源
多元干扰压力	包括自然灾害和非自然灾害，自然灾害由干旱、暴雨、地震等急性压力和生物多样性降低、海平面上升等慢性压力组成，非自然灾害由突发公共安全事件、疾病传播、恐怖袭击等急性压力和人口老龄化、基础设施脆老化、失业率高等慢性压力组成	Cutter，2014；Godschalk，2003

续表

影响因素	内容	信息来源
城市系统状态	包括物质要素和非物质要素，物质要素由交通、电力、电信等基础设施和生态环境组成，非物质要素由经济、社会、社区组织组成	李彦军，2022；方东平，2017
城市应对能力	• 多方参与协调。韧性城市建设需要高效整合政府、社会组织、市民、非政府组织等多方主体共同应对干扰，实现灾前准备的最优合力 • 城市冗余性。韧性城市空间建设时，应当保障适度的城市空间“留白”以及应急避难流线规划，实现城市功能在常态化和战时状态转化时，仍旧维持城市功能的冗余性运转 • 响应能力。较高的响应能力能够减轻灾害风险对城市的干扰性影响，实现城市灾害生命周期的韧性应对 • 及时的灾难应对反馈机制。韧性城市在灾害应对时，应当具有较好的学习转型能力，以完善当前城市空间安全格局，提高应对下一次不确定性风险的准备能力 • 创新能力。包括知识创新和技术创新两方面，强调韧性城市的发展应该依托于外部知识、资源支持以及韧性实践经验	Allan，2011；Bruneau，2003

2.2.4　城市韧性实践演变

在韧性城市理论体系的支撑下，统筹城市经济发展和城市安全、实现高质量发展下的韧性城市是当前城市规划实践的重要发展目标之一。国外以纽约、东京、巴黎、伦敦、荷兰的城市等为主的城市，在面向内外部风险日益加剧的压力下，在规划制定、管理组织、公众参与、基础设施、城市设计、应急管理等方面，不断探索韧性城市的规划建设路径和安全管理办法。纽约通过颁布《更加强壮、更富韧性的纽约》和《一个纽约规划：建设一个强大而公正的纽约》等韧性城市规划设计，提出了应对气候变化的城市方案，特别关注了城市内部老旧设施的更新改造；日本东京的《首都直下型地震等灾害引发的灾害情况预测》和神户市提出的“三个三”的储备计划，致力于提高城市在灾前、灾中、灾后的全生命周期应对能力，维持城市物资经济生命线的稳定，确保城市快速恢复系统功能。伦敦构筑可提升城市安全性能的“伦敦数据存储中心”的数字化风险感知预警系统，能够对城市公平、生态环境、空气质量等问题进行监控和预警，并预测未来可能发生的灾害性实践，提出决策信息和规划建议，系统综合地提升城市韧性能力。荷兰鹿特丹基于《鹿特丹气候防护计划》，对城市全域进行灾害风险评估，并结合排洪排涝基础设施强化，提升城市应对海平面上升的气候韧性。

国内韧性城市建设相对起步较晚，但通过借鉴国际经验已在部分地区展开实践探索。湖北黄石针对资源过度开采、水体污染、人居环境较差等问题，于2019年发布《黄石韧性战略报告》，提出在经济转型升级、生态环境改善、生活品质重塑等方面多元建设韧性城市。四川省基于2008年汶川地震灾害事件，提出《汶川地震灾后恢复和恢复重建总体规划》，致力于实现住房与基础设施恢复、居民生活质量提升、经济水平恢复等目标，引导灾后地区跨越发展式的韧性建设。北京于2021年颁布了《关于加快推进韧性城市建设的指导意见》，通过提升城市空间韧性、工程韧性、管理韧性和社会韧性，缓解自然环境污染、社会人口密集、资源型产业带来的内外部风险压力（表2-7）。

主要国家和城市韧性规划和建设实践　　表2-7

国家或城市	相关文件	发布时间	目标主题或行动措施
日本	《国土强韧化基本计划》	2014	制定PDCA循环评价模型：确定城市风险和脆弱性；评价风险场景和影响；确定应对方案；根据实施结果评价反馈修正初始思路
荷兰	《三角洲规划2019》	2019	通过压力测试，确定脆弱环节；起草策略，拟定实施计划；结合实际项目提供资金、制度等促进手段；纳入规范，制定法规

续表

国家或城市	相关文件	发布时间	目标主题或行动措施
纽约	《一个更强大、更具韧性的纽约》	2013	修复桑迪飓风的影响，改造社区、医院、电力、道路、给排水等基础设施，改进沿海防洪设施等
芝加哥	《韧性芝加哥战略》	2016	目标：强健的邻里、稳健的基础设施、有所准备的社区，围绕这三大目标共采取 50 项行动计划
洛杉矶	《韧性洛杉矶》	2018	主题：平安与兴旺的洛杉矶人、强大且关联的社区、准备和响应的城市、技术创新和合作伙伴关系，围绕 4 大主题设计 15 个顶层目标、96 项行动计划
北京	《关于加快推进韧性城市建设的指导意见》	2021	目标：到 2025 年建成 50 个韧性社区、韧性街区或韧性项目；行动原则：拓展城市空间韧性，遵循“让、防、避”原则
上海	《上海城市总体规划（2017–2035 年）》	2018	目标：建设更可持续的韧性生态之城，构建城市防灾减灾体系，强化灾害预警防控和防灾减灾救援空间保障，提升城市抵御洪涝、地面沉降等自然灾害、突发公共事件等城市运行风险的能力
黄石	《黄石韧性战略报告》	2019	行动计划：从经济转型与多元发展、水体修复与环境改善、品质重塑与生活宜居三个维度提出 18 项行动计划

综观国内外多个城市韧性建设案例，城市韧性实践体系的内容演变可总结为以下几点内容：

（1）从单一工程性被动防灾技术到系统性韧性建设响应。韧性城市建设应当基于城市生命线为核心的工程体系，同时强调经济、社会和政府等城市韧性功能要素的模块化、多元化，通过多尺度的区域网络建设和混合性、兼容性城市设计策略以减轻灾害冲击。

（2）从静态的预防向注重灾前预防、灾中应对、灾后恢复的全生命周期转变。城市韧性建设应当秉承持续性思维和动态可持续的城市发展观，在灾害的每一个阶段均提出韧性应对策略，确保城市应对内外部冲击的预警能力、适应能力和恢复速度。

（3）从单一灾害防范向多灾害综合风险适应性措施转变。城市韧性建设应当将风险作为城市系统的一部分，将风险扰动作为城市发展的常态化响应状态，同时考虑灾害事件间的系统关联性，统筹考虑自然灾害、城市公共卫生事件、突发事件等潜在风险，提升城市的适应能力和自组织动态调整能力。

2.3　研究评述

2.3.1　城市灾害研究评述

城市灾害研究的理论框架和评估模型方法在不断完善，伴随着国内外灾害类型多样、发生频次多、影响程度深远、灾害系统复杂性、多尺度区域抗灾能力差等城市灾害风险特征的日益突出，理论实践研究局限于资料、技术和工具的壁垒，目前的城市灾害研究仍需深入考量以下几个方面。

（1）加强基于灾害链的灾害系统复杂性研究

城市灾害对城市发生的破坏印象概念并非是孤立的、静止的，不同灾害之前存在着空间、时间上复杂的渗透、耦合、转化等相互作用力；同时也要考虑孕灾环境稳定性、致灾因子风险性和城市承灾体脆弱性的作用机制。当前，城市灾害研究已经由关注单一灾害的破坏影响转向多灾种风险的评价评估（薛晔，2012），未来应当在多灾种耦合理论与技术、灾害链断链减灾、多灾种综合风险评估技术、灾害链损失评估技术等方面予以关注和加强，灾害链的研究思路由静态分析转向动态模拟，研究方法由统计分析转向数值模拟可视化。

（2）完善城市灾害脆弱性理论及定量方法研究

当前，主要研究对城市灾害脆弱性的定义分为两个部分，一是自然脆弱性，即通过量化人口、财产等指标，表征灾害事件对城市系统的影响程度；二是社会脆弱性，即暴露在灾害冲击的个人、组织及社会、生态环境潜在的抵抗恢复能力。许多学者对承灾体的认知，仍集中在经济社会系统，较少关注城市系统内部固有的脆弱性特征以及人类、生态环境主观能动性的抵御能力。城市灾害脆弱性理论框架和定量方法形成是一个复杂的过程，未来应当将建筑结构类型、基础设施完备度、人口密度、社会网络等建成环境数据，不同人群的生理、社会经济属性特征，可量化的土地、水、动植物等生态环境特征融入传统城市灾害脆弱性评价模型的构建。

（3）实现高精度城市灾害风险评估下的跨区域应对协调

当前，已有数据包络分析、回归分析、随机分析法、指数法等完备的数学物理模型以量化分析城市灾害风险，但这些方法各有优缺点，且尚缺统一的研究方法和分析框架。未来应当兼容、打通多尺度、多灾害类型、全生命周期的数据库，不局限于以行政区为单位的城市灾害研究（史培军，2002）。整合更新传统城市风险评价方法，并促进 RS、GPS、3S 等新技术和新方法的改进，依据遥感图像、各类数据等构建“多灾种城市灾害风险数据库”。在时间维度，对灾前、灾中、灾后的区域受损情况、灾害危险性进行比较评估，反映研究区域在不同时间阶段的准备、抵抗应对和恢复自组织能力；在空间维度，对不同区域城市人工环境要素、社会经济要素、制度要素、生态要素等进行充分现状评估和模拟预测，完善当前韧性城市建设和应对灾害风险的规划决策，实现跨区域协同式发展。

2.3.2　城市韧性研究评述

当前，我国处于发展转型的关键时期，在应对多元复杂的内外部扰动时，有必要将城市韧性作为提升城市应对风险能力、制定城市规划方向、保障城市安全、经济高质量、社会可持续等方面的核心内容和重要环节。近年来，城市韧性研究作为国内外的热点议题，国外学者在概念定义探索、城市发展阶段、影响因素辨析、韧性水平评价、韧性机制形成、时空关系演变等方面已有诸多探索（Allan，2011；Frazier，2013），而国内的韧性理论研究和实践应用方面仍旧存在较大差距，多关注城市群、都市圈、都市圈等区域尺度和城市尺度（方叶林，2022；何继新，2022），在乡村韧性、社区韧性方面研究不足，韧性实践仍在多方试点阶段，难以满足国家韧性建设需求和面向多灾种的应急管理需要。基于此，从以下三个主要方面，提出了提升韧性理论和实践的措施。

（1）构建因地制宜、因灾制宜的城市韧性理论体系

近年来，虽然城市韧性理论研究和评估方法受到国内外学者的广泛关注，但仍存在概念定义模糊、方法适用性低、评估指标体系处于定量探索阶段等问题。中国作为面向复杂多样的灾害问题和多元化城市类型的区域，有必要在借鉴国外韧性理论和实践经验的基础上，依托城乡规划体系中防灾减灾规划，通过灾害风险管理、经济学、生态学等多学科的交融以及多元主体参与的数据支撑，提出符合中国城市发展逻辑和中国发展需求导向的“工程—社会—生态”三维理论体系和耦合城市韧性影响因素的动态评估方法模型。同时，完善韧性法律法规建设，保障韧性建设的稳定性。

（2）实现城市韧性的动态模拟与灾前监测预警能力提升

根据本书对城市韧性相关研究的整理和总结可知，韧性概念往往包括“灾前—灾中—灾后”的全生命周期，强调预防、抵抗、自恢复、自组织和学习适应能力。目前相关研究往往关注城市的灾中应对能力和灾后恢复能力，对灾前监测预警能力关注较少。各灾害因素间的非线性交互机制尚未厘清，如何通过模拟预测手段、表征这一复杂动态过程是城市韧性研究的关键。一方面，未来应当基于物联网、云计算、人工智能构建城市智慧平台，汇总城市系统的交通设施、地下管网、水域监测等设施数据和城市灾情的监测数据并绘制城市灾害风险地图；另一方面，可以通过GIS、大数据、人工智能等技术，分析城市韧性影响机理，并提出适应于城市系统的动态模拟评估模型，以此完善城市针对多元灾害风险的应急预案体系，为城市减轻风险扰动，促进有效恢复提供理论指导。

（3）关注多灾种背景下乡村韧性、社区韧性理论实践探索

城市韧性不仅需要关注城市风险防范，更要考虑乡村、社区在面对风险时的抵抗、应对能力。未来应将韧性理念融入新时期国土空间规划，丰富乡村发展、城乡社区的相关规划理论，提高理论向实证研究的实践应用能力。同时，也要对城市风险保持常态化的认知，即地震、洪水等风险可以通过规划手段减缓，而核能、碳减排等风险是需要基于资产收益和城市损失平衡后的结果，灾害的发生概率是必然存在的。在韧性城市建设中，需要结合城乡规划和社会经济发展规划内容，搭建纵向多层级、横向多部门协同高效工作的跨部门协同工作机制，提升城市综合应对多元风险冲击的适灾能力和发挥基础设施的支撑作用，实现可持续、包容、和谐的城乡韧性建设。

参考文献

[1] Ahern J. From fail-safe to safe-to-fail: Sustainability and resilience in the new urban world [J]. Landscape and urban Planning, 2011, 100 (4): 341-343.

[2] Allan P, Bryant M. Resilience as a framework for urbanism and recovery [J]. Journal of Landscape architecture, 2011, 6 (2): 34-45.

[3] Araya-Muñoz D, Metzger M J, Stuart N, et al. A spatial fuzzy logic approach to urban multi-hazard impact assessment in Concepción, Chile [J]. Science of the Total Environment, 2017, 576: 508-519.

[4] Badal J, Vázquez-Prada M, González Á. Preliminary quantitative assessment of earthquake casualties and damages [J]. Natural Hazards, 2005, 34 (3): 353-374.

[5] Benito G, Lang M, Barriendos M, et al. Use of systematic, palaeoflood and historical data for the improvement of flood risk estimation. Review of scientific methods [J]. Natural hazards, 2004, 31 (3): 623-643.

[6] Benito G, Machado M J, Pérez-González A. Climate change and flood sensitivity in Spain [J]. Geological Society, London, Special Publications,

1996, 115 (1): 85-98.
[7] Berkes F, Folke C. Linking social and ecological systems for resilience and sustainability [J]. Linking social and ecological systems: management practices and social mechanisms for building resilience, 1998, 1 (4): 4.
[8] Bruneau M, Chang S E, Eguchi R T, et al. A framework to quantitatively assess and enhance the seismic resilience of communities [J]. Earthquake spectra, 2003, 19 (4): 733-752.
[9] Cutter S L, Ash K D, Emrich C T. The geographies of community disaster resilience [J]. Global environmental change, 2014, 29: 65-77.
[10] Desouza K C, Flanery T H. Designing, planning, and managing resilient cities: A conceptual framework [J]. Cities, 2013, 35: 89-99.
[11] Dombrowsky W R. Again and again: Is a disaster what we call a "disaster"? [M]//What is a Disaster?. Routledge, 2005: 31-42.
[12] Elmqvist T, Folke C, Nyström M, et al. Response diversity, ecosystem change, and resilience [J]. Frontiers in Ecology and the Environment, 2003, 1 (9): 488-494.
[13] EMERGENCY PREPAREDNESS CANADA. Evaluation of Peacetime Disaster Hazard. In Emergency Preparedness Program Course including Ann exes A-D [R]. Ottawa: Emergency Preparedness Canada, 1992.
[14] Folke C, Carpenter S R, Walker B, et al. Resilience thinking: integrating resilience, adaptability and transformability [J]. Ecology and society, 2010, 15 (4).
[15] Frazier T G, Thompson C M, Dezzani R J, et al. Spatial and temporal quantification of resilience at the community scale [J]. Applied Geography, 2013, 42: 95-107.
[16] Giacomoni M H, Kanta L, Zechman E M. Complex adaptive systems approach to simulate the sustainability of water resources and urbanization [J]. Journal of Water Resources Planning and Management, 2013, 139 (5): 554-564.
[17] Godschalk D R. Urban hazard mitigation: Creating resilient cities [J]. Natural hazards review, 2003, 4 (3): 136-143.
[18] Guo E, Zhang J, Ren X, et al. Integrated risk assessment of flood disaster based on improved set pair analysis and the variable fuzzy set theory in central Liaoning Province, China [J]. Natural hazards, 2014, 74 (2): 947-965.
[19] Helbing D. Globally networked risks and how to respond [J]. Nature, 2013,

497 (7447): 51-59.

[20] Helbing D, Kühnert C. Assessing interaction networks with applications to catastrophe dynamics and disaster management [J]. Physica A: Statistical Mechanics and its Applications, 2003, 328 (3-4): 584-606.

[21] Holling C S. Resilience and stability of ecological systems [J]. Annual review of ecology and systematics, 1973: 1-23.

[22] ICLEI. Pacific Islands Urban Resilience [EB/OL]. [2017-04-10]. chrome-extension: //efaidnbmnnnibpcajpcglclefindmkaj/https: //static1.squarespace.com/static/5cac31db7eb88c68ba9c894b/t/5e8d32000f4ca16e7ac25cd9/1586311684287/PIUR-10-Apr. 2017.

[23] INGRAM J, HAMILTON C. Planning for climate change: a strategic, values-based approach for urban planners [R]. Nariobi: UNHabitat, 2014: 1-80.

[24] ISDR U N. Risk Awareness and Assessment in Living with Risk [R]. Geneva: UNISDER, UN, WMO. Asain Disaster Reduction Center, 2002.

[25] Jha, Abhas K, Todd W. Miner, Zuzana Stanton-Geddes. Building urban resilience: principles, tools, and practice [M]. World Bank Publications, 2013.

[26] León J, March A. Urban morphology as a tool for supporting tsunami rapid resilience: A case study of Talcahuano, Chile [J]. Habitat international, 2014, 43: 250-262.

[27] Lu P, Stead D. Understanding the notion of resilience in spatial planning: A case study of Rotterdam, The Netherlands [J]. Cities, 2013, 35: 200-212.

[28] Mal S, Singh R B, Huggel C, et al. Introducing linkages between climate change, extreme events, and disaster risk reduction [M]//Climate change, extreme events and disaster risk reduction. Springer, Cham, 2018: 1-14.

[29] Manesh S V, Tadi M. Sustainable urban morphology emergence via complex adaptive system analysis: Sustainable design in existing context [J]. Procedia Engineering, 2011, 21: 89-97.

[30] Maskrey A. Disaster mitigation: a community based approach [M]. Oxfam GB, 1989.

[31] Menoni S. Chains of damages and failures in a metropolitan environment: some observations on the Kobe earthquake in 1995 [J]. Journal of hazardous materials, 2001, 86 (1-3): 101-119.

[32] Miles S B. Foundations of community disaster resilience: Well-being, identity, services, and capitals [J]. Environmental Hazards, 2015, 14 (2): 103-121.

[33] Morley P, Russell-Smith J, Sangha K K, et al. Evaluating resilience in two

remote Australian communities [J]. Procedia engineering, 2018, 212: 1257-1264.

[34] Norris F H, Stevens S P, Pfefferbaum B, et al. Community resilience as a metaphor, theory, set of capacities, and strategy for disaster readiness [J]. American journal of community psychology, 2008, 41 (1): 127-150.

[35] OECD. Resilient City [EB/OL]. https: //www.oecd.org/cfe/regiond-policy/resilient-cities.htm, 2020-04-17.

[36] Ouyang M. Review on modeling and simulation of interdependent critical infrastructure systems [J]. Reliability engineering & System safety, 2014, 121: 43-60.

[37] Pelling M. Visions of Risk: A Review of International Indicators of Disaster Risk and Management [J]. 2004.

[38] Press F, Hamilton R M. Mitigating natural disasters [J]. Science, 1999, 284 (5422): 1927-1927.

[39] Rinaldi S M, Peerenboom J P, Kelly T K. Identifying, understanding, and analyzing critical infrastructure interdependencies [J]. IEEE control systems magazine, 2001, 21 (6): 11-25.

[40] Rockefeller Foundation. ARup.City Resilience Index [EB/OL].[2019-02-02]. https: //www.Arup.com/perspectives/pubication/research/Section/city-resilience-index.query = city%20 Resilience.

[41] Schmidt J, Matcham I, Reese S, et al. Quantitative multi-risk analysis for natural hazards: a framework for multi-risk modelling [J]. Natural hazards, 2011, 58 (3): 1169-1192.

[42] Schneider S, Sarukhan J, Adejuwon J, et al. Overview of impacts, adaptation, and vulnerability to climate change [J]. Climate change, 2001: 75-103.

[43] Schulze, P. Engineering within ecological constraints [M]. National Academies Press, 1996.

[44] Sherrieb K, Norris F H, Galea S. Measuring capacities for community resilience [J]. Social indicators research, 2010, 99 (2): 227-247.

[45] UNITED NATIONS DISASTER RELIEF ORGANIZATION. Mitigating Natural Disasters: Phenomena, Effects and Options: A Manual for Policy Makers and Planners [R]. New York: United Nations, 1991.

[46] Wildavsky A B. Searching for safety [M]. Transaction publishers, 1988.

[47] Wisner B, Blaikie P, Cannon T, et al. At risk: natural hazards, people's vulnerability and disasters [M]. Routledge, 2014.

[48] Xun X, Yuan Y. Research on the urban resilience evaluation with hybrid multiple attribute TOPSIS method: an example in China [J]. Natural Hazards, 2020, 103 (1): 557-577.

[49] Zhou H, Wang J, Wan J, et al. Resilience to natural hazards: a geographic perspective [J]. Natural hazards, 2010, 53 (1): 21-41.

[50] 陈长坤，孙云凤，李智. 冰雪灾害危机事件演化及衍生链特征分析 [J]. 灾害学，2009，24（01）：18-21.

[51] 范海军，肖盛燮，郝艳广，等. 自然灾害链式效应结构关系及其复杂性规律研究 [J]. 岩石力学与工程学报，2006（S1）：2603-2611.

[52] 方东平，李在上，李楠，等. 城市韧性——基于“三度空间下系统的系统”的思考 [J]. 土木工程学报，2017，50（07）：1-7.

[53] 方建，李梦婕，王静爱，等. 全球暴雨洪水灾害风险评估与制图 [J]. 自然灾害学报，2015，24（01）：1-8.

[54] 方叶林，苏雪晴，黄震方，等. 中国东部沿海五大城市群旅游流网络的结构特征及其韧性评估——基于演化韧性的视角 [J]. 经济地理，2022，42（02）：203-211.

[55] 高见，邬晓霞，张琰. 系统性城市更新与实施路径研究——基于复杂适应系统理论 [J]. 城市发展研究，2020，27（02）：62-68.

[56] 高伟，龙彬. 复杂适应系统理论对城市空间结构生长的启示——工业新城中工业社区适应性空间单元的研究与应用 [J]. 城市规划，2012，36（05）：57-65.

[57] 韩自强，刘杰. 联合国倡导下的韧性城市建设：内容、机制与启示 [J]. 中国行政管理，2022（07）：139-145.

[58] 何继新，孟依浩，郑沛琪. 中国城市韧性治理研究进展与趋势（2000－2021）——基于 CiteSpace V 的可视化分析 [J/OL]. 灾害学：1-11 [2022-08-31].

[59] 贾先文，李周，刘智勇. 行政交界区生态环境协同治理逻辑及效应分析 [J]. 经济地理，2021，41（09）：40-47.

[60] 金菊良，郦建强，周玉良，等. 旱灾风险评估的初步理论框架 [J]. 灾害学，2014，29（03）：1-10.

[61] 孔锋，韩淑云，王一飞. 透视我国城市综合灾害防御能力建设及其提升方略 [J]. 灾害学，2022，37（01）：30-34.

[62] 李伯华，曾荣倩，刘沛林，等. 基于 CAS 理论的传统村落人居环境演化研究——以张谷英村为例 [J]. 地理研究，2018，37（10）：1982-1996.

[63] 李双双，杨赛霓，刘宪锋. 面向非过程的多灾种时空网络建模——以京津冀地区干旱热浪耦合为例 [J]. 地理研究，2017，36（08）：1415-1427.
[64] 李松志，董观志. 城市可持续发展理论及其对规划实践的指导 [J]. 城市问题，2006（07）：14-20.
[65] 李彦军，马港，宋舒雅. 长江中游城市群城市韧性的空间分异及演进 [J]. 区域经济评论，2022（02）：88-96.
[66] 刘爱华，吴超. 基于复杂网络的灾害链风险评估方法的研究 [J]. 系统工程理论与实践，2015，35（02）：466-472.
[67] 路兰，周宏伟，许清清. 多维关联网络视角下城市韧性的综合评价应用研究 [J]. 城市问题，2020（08）：42-55.
[68] 鲁钰雯，翟国方，施益军，等. 荷兰空间规划中的韧性理念及其启示 [J]. 国际城市规划，2020，35（01）：102-110 + 117.
[69] 罗强强，陈涛，明承瀚. 风险视域下的超大城市社区韧性：结构、梗阻与进路——基于 W 市新冠肺炎疫情社区治理的多案例分析 [J]. 城市问题，2022（05）：86-94.
[70] 明晓东，徐伟，刘宝印，等. 多灾种风险评估研究进展 [J]. 灾害学，2013，28（01）：126-132 + 145.
[71] 邱爱军，白玮，关婧. 全球 100 韧性城市战略编制方法探索与创新——以四川省德阳市为例 [J]. 城市发展研究，2019，26（02）：38-44 + 73.
[72] 石龙宇，郑巧雅，杨萌，等. 城市韧性概念、影响因素及其评估研究进展 [J]. 生态学报，2022，42（14）：6016-6029.
[73] 史培军. 三论灾害研究的理论与实践 [J]. 自然灾害学报，2002（03）：1-9.
[74] 史培军. 四论灾害系统研究的理论与实践 [J]. 自然灾害学报，2005（06）：1-7.
[75] 史培军. 五论灾害系统研究的理论与实践 [J]. 自然灾害学报，2009，18（05）：1-9.
[76] 史培军，孔锋，叶谦，等. 灾害风险科学发展与科技减灾 [J]. 地球科学进展，2014，29（11）：1205-1211.
[77] 孙久文，陈超君，孙铮. 黄河流域城市经济韧性研究和影响因素分析——基于不同城市类型的视角 [J]. 经济地理，2022，42（05）：1-10.
[78] 王国强，刘松茯. 存量时代城市建筑遗产的复杂适应性研究——以哈尔滨市为例 [J]. 现代城市研究，2020（08）：108-114.
[79] 王璇，史佳璐，慈福义. 黄河流域城市群韧性度的时空演化特征 [J]. 统计与决策，2022，38（05）：70-74.

[80] 吴书强，邵必林，边根庆，等. 基于复杂网络的高校火灾灾害链分析及应急管理决策研究［J］. 灾害学，2022，37（02）：156-161 + 166.
[81] 吴晓林，谢伊云. 基于城市公共安全的韧性社区研究［J］. 天津社会科学，2018（03）：87-92.
[82] 薛晔，陈报章，黄崇福，等. 多灾种综合风险评估软层次模型［J］. 地理科学进展，2012，31（03）：353-360.
[83] 杨正光，张旭超，董芳. 雨洪韧性导向的生态城市空间塑造——以中法武汉生态示范城为例［J］. 上海城市规划，2022（03）：68-74.
[84] 叶陈雷，徐宗学，雷晓辉，等. 基于 SWMM 和 Info Works ICM 的城市街区尺度洪涝模拟与分析：以福州市某排水社区为例［J/OL］. 水资源保护：1-14［2022-09-02］.
[85] 于润冰，茶娜. 不同学科下可持续发展理论研究特点［J］. 中国人口·资源与环境，2011，21（S2）：447-450.
[86] 张行，梁小英，刘迪，等. 生态脆弱区社会—生态景观恢复力时空演变及情景模拟［J］. 地理学报，2019，74（07）：1450-1466.
[87] 张继权，冈田宪夫，多多纳裕一. 综合自然灾害风险管理——全面整合的模式与中国的战略选择［J］. 自然灾害学报，2006（01）：29-37.
[88] 张健，阮征，芮旸，等. 协同学视角下的村域贫困风险耐受度诊断——以陕西省平利县为例［J］. 人文地理，2020，35（04）：64-73.
[89] 赵东风，胡苏，亓文广，等. 城市灾害风险等级评估流程的探讨及其实证研究［J］. 工业安全与环保，2015，41（06）：100-102.
[90] 周洪建，王曦，袁艺，等. 半干旱区极端强降雨灾害链损失快速评估方法——以甘肃岷县"5·10"特大山洪泥石流灾害为例［J］. 干旱区研究，2014，31（03）：440-445.
[91] 周姝天，翟国方，施益军，等. 城市自然灾害风险评估研究综述［J］. 灾害学，2020，35（04）：180-186.
[92] 朱静. 城市山洪灾害风险评价——以云南省文山县城为例［J］. 地理研究，2010，29（04）：655-664.

第三章　国内外韧性城市建设实践与经验

对国内外韧性城市建设的实践进行经验剖析，一方面，可以学习国外韧性城市的建设经验；另一方面，对比国内韧性城市的建设可以了解本土化的韧性城市建设的路径和方向。国外部分城市已形成较完善的行动措施，但国内的韧性城市建设处于借鉴国际经验阶段，尚未形成公认的系统化措施或工作指南（罗紫元等，2022）。结合洛克菲勒基金会创立的《100个韧性城市》与相关资料，国外选取美国纽约、英国伦敦、新加坡分析韧性城市建设的经验。国内的城市选取北京和上海这类的超大城市，经济社会更具复杂性，面临更多传统的和非传统的风险挑战，各类灾害产生链式反应和放大效应的可能性更高，该类城市的建设经验对我国其他城市借鉴意义更强。

3.1　纽约——适应气候变化的韧性城市规划

纽约市作为美国最大的城市，拥有超过520英里的海岸线，其800万居民中有近40万人居住在容易受到沿海洪水和海平面上升影响的建筑中，主要面对的灾害风险为海平面上升，飓风、洪水、高温热浪等极端气象灾害。2012年10月，桑迪飓风造成44人死亡，600多亿美元的经济损失，极端高温平均每年导致超过450人急诊，150人住院，13人死亡（NYC Mayor's Office of Resiliency，2021）。在极端气候更容易发生的时代背景下，纽约市通过发布一系列的规划和战略、针对性的设计导则以及全面的韧性策略，积极主动应对现在及未来可能存在的风险，将韧性融入城市建设中。

3.1.1　多种规划持续推进

纽约较早在规划中倡议韧性城市建设，先后发布了四版有关韧性城市建设的规划（图 3-1）。在 2007 年的总体规划《更葱绿、更美好的纽约》中就提出要应对气候变化，解决城市基础设施老化问题（BLOOMBERG M R，2007）；2012 年，因桑迪飓风带来严重的经济损失和人员伤亡。2013 年，纽约针对未来气候变化制定了《更加强壮、更富韧性的纽约》（BLOOMBERG M R，2013），从城市基础设施、建筑环境、社区重建和韧性规划等角度进行具体介绍；2015 年，随着社会不公正问题的出现，纽约发布了《一个纽约规划：建设一个富强而公正的城市》（DE BLASIO B，2015），以增长、公正、可持续和韧性作为四大目标，对海岸线防护、建筑、基础设施、居民和企业都提出相关要求，更好地适应气候变化，更快地从灾害中恢复（图 3-2）；2019 年，纽约发布了《一个纽约 2050 规划：建设一个强大而公平的城市》（DE BLASIO B，2019），聚焦社区、建筑、基础设施和滨水区重点领域。

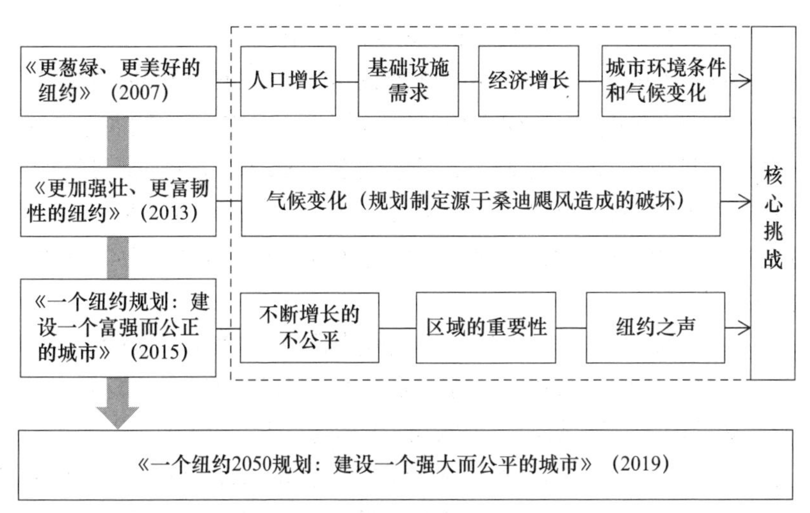

图 3-1　纽约韧性城市建设的阶段

图 3-2　纽约整体韧性战略
（图片来源：纽约市政府官网）

3.1.2　设计导则技术保障

面临着气候快速变化带来的挑战，纽约就《气候韧性设计导则》提供技术方面的指导，所有新建项目根据项目的目的、资产类型、选址和资金情况评估气候灾害风险，依据导则制定相应的韧性策略。纽约面临的气候风险可分为高温、暴雨和海平面上升三类（NYC Mayor’s Office of Resiliency，2020）。

在高温方面，通过调整基础设施的设计，达到缓解城市热岛、提高设施的耐热性、确保居民的安全的目的。值得注意的是，高温对不同年龄、收入人群，不同绿化率社区的影响不同，纽约自2015 年的城市总体规划后对气候公平相当重视，面对不同地区具有差异的高温脆弱性，采取的措施也不同，高度脆弱地区应采取多种策略。

在暴雨方面，未来纽约的极端降水概率会增加，通过雨水管理设施，增加雨水渗透量和储存量，过滤和滞留雨水。设计中要求根据场地的实际情况，采取相应的措施，尽量对实践措施进行优先度排序（图 3-3）。对于雨污分流的排水系统，重视对污水的净化处理，而对雨污合流的排水系统，则考虑蓄留和滞留。除此之外，将气候变化预测纳入排水规划，应对未来海平面上升、极端降雨、风暴等事件的发生，使基础设施在较长的一段时间内能发挥作用。

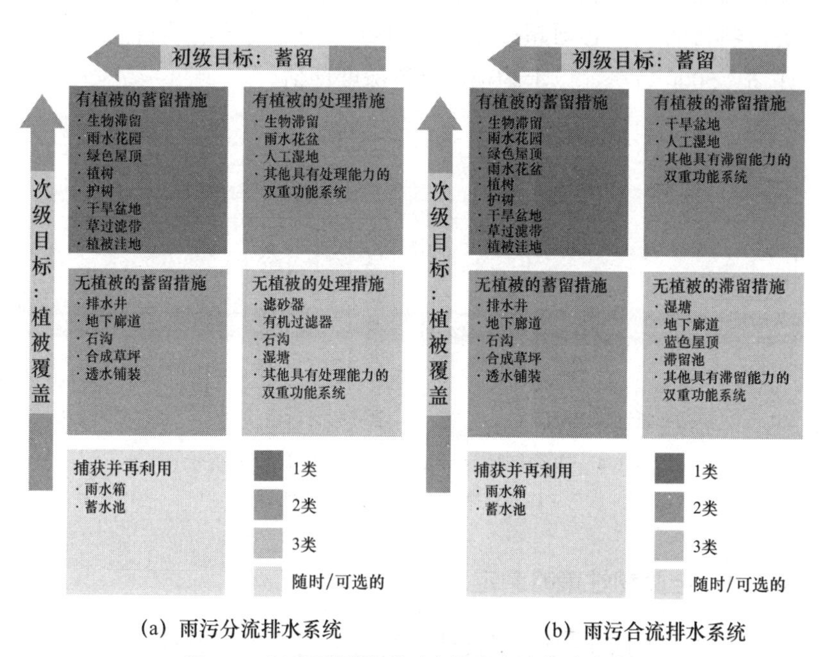

(a) 雨污分流排水系统　　(b) 雨污合流排水系统

图 3-3 纽约不同类型雨水管理实践优先次序

（图片来源：纽约市政府官网）

在海平面上升方面，城市中所有的资本项目都需要评估沿海洪水风险，通过在线的洪水灾害映射器查看项目在使用期间是否会被淹没。如果在使用期间被淹没，一般不应在该处该使用年限的条件下展开建设。如果该地点不会被经常淹没，位于洪泛平原时查看最高基础洪水高程并调整设计洪水标高，现在和未来都不处于洪泛平原时不需要进行防洪处理。

在设计流程中，利用识别气候风险暴露、确定收益和成本等方法整合韧性设计的策略，降低城市面临风险的可能性（图 3-4）。气候变化暴露筛查利用高温、降水、海平面上升三个场景的问卷打分得到，总共分为高、中、低三个暴露等级。对成本高于 5000

万美元且气候变化暴露等级为中或高的项目，按照识别风险、定义影响阈值、可能性评估、预估的后果、风险总结、风险处理、根据需要重新评估风险的步骤进行风险评估。在收益 - 成本分析中，项目的收益必须超过成本，5000 万美元以下的项目进行定性评估，5000 万美元以上的项目进行深度评估。

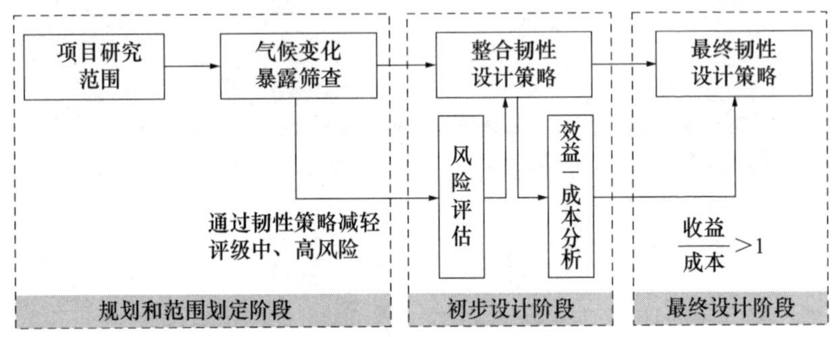

图 3-4　纽约韧性设计适应资本项目开发过程示意

（图片来源：纽约市政府官网）

3.1.3　全面韧性策略制定

2012 年的桑迪飓风不仅致使纽约受灾严重，而且在灾后的重建工作中，对纽约的影响十分深远。为适应海平面变化和极端气候灾害对城市的影响，纽约市于 2013 年推出《一个更强大，更有韧性的纽约》规划。它提出城市应该适应气候变化的影响，尤其是海平面上升和极端气象灾害，并制定了详细的韧性策略体系。该规划的出台，对全球都具有典型的示范意义。

（1）基础设施

纽约规划分别从公用事业、液体燃料、交通运输、给水排水、电信、卫生保健六大方面进行基础设施韧性建设。公用事业方面，扩大分布式发电和微型电网，实施智能电网技术，通过系统配置加快关键客户的恢复。制定配电系统的长期韧性计划，加强蒸汽厂和重点输配电基础设施的防洪性能，在每个工厂添加防洪墙，安装防洪备用发电机，提高架空线的抗风性能；液体燃料方面，联邦政府制定燃料基础设施强化战略，为燃料基础设施运营商制定报告框架，以支持紧急恢复；纽约市建设管道增压站，在加油站安装备用发电机，以增加供应和抵御极端天气事件。提高供应链应对突发事件的能力，增加运输燃料储备，增强移动加油能力。交通运输方面，重建受飓风损坏的重要街道，将气候韧性特征融入未来的街道重建项目，包括整合雨水管理的最佳做法。加强人行道的雨水收集设施建设，允许在街道上捕获的水浸入地下，而不是流入下水道系统，减少下水道和废水处理厂的排水负荷。保护曼哈顿下城的隧道免遭淹水，包括安装洪水闸，提升隧道入口和通风结构，保护通风、照明和安全系统等敏感机电设备。给水排水方面，建设隔离设施，保留备用电源，保护污水处理设施免受风暴潮影响，提高污水处理厂在电网中断期间可靠运行的能力。增加生产和使用可再生能源。继续实施和加快在全市范围内投资蓝带排水项目，在皇后区建造雨水下水道。电信方面，市政府与联邦监管机构密切合作，在信息技术和电信部内组建一个新的规划和韧性办公室，专注于电信监管和韧性规划。努力提高监管力度，并与电信提供商建立更牢固的关系，以促进更加一致的协调韧性措施和备灾工作。制定电力通信设备防洪标准，增加管道基础设施韧性。卫生保健方面，提高新建疗养院设计标准，要求为其应急电力系统增加额外的韧性措施。新建养老院也需要将紧急发电机和外部备用发电机的电气进行预连接。改造洪泛区设施，将其电气设备提升到100年一遇的洪水高度，并安装受到充分保护的应急发电机，提高药房发电机的应急能力。

（2）建筑环境韧性

提高建筑防灾标准方面，提高建筑防灾标准，修改法规，鼓励改造现有建筑物，修复受飓风影响的严重受损的住房。同时制定激励计划，发起“韧性住房设计大赛”，自助创新技术示范项目，还推出针对工业企业的销售税减免计划。

沿海保护方面，在低洼地区提高防洪堤，尽量减少内陆潮汐水浸。定制综合洪水保护系统，保护高脆弱性社区。改善沿海地区设计与治理，纽约市政府与联邦政府举办“Rebuild by Design”设计竞赛，邀请设计界以创造性的设计手法，一同为保护海岸与其居民不受洪涝灾害的影响而出谋划策。丹麦BIG团队凭借Big U方案在曼哈顿区域的竞赛中脱颖而出。评估软性基础设施防洪功能，制定海滨和沿海资产的设计指南。

公园建设方面，对于洪泛区的所有公园制定适应气候变化的计划，包括提升公园基础设施，建设洪水墙等。扩大绿色基础设施，以保护邻近社区免受极端天气事件的影响。保护湿地、城市森林和其他自然地区。实施大型海湾恢复和绿色基础设施项目；恢复淡水溪流和湿地，以管理径流，减少极端天气的影响。制定行道树网络的风险管理计划，使用本土植物进行景观恢复项目。

（3）社区重建和恢复力计划

制定社区重建计划方面，对纽约市的曼哈顿南部、南皇后区等五个地区制定社区重建和恢复力计划。以南曼哈顿社区为例，其策略包括：提升基层社区的领导和组织能力，对受飓风影响的企业和非营利组织进行韧性投资，并为从飓风影响中恢复的社区带来新的经济复苏活动，使这些社区比以前更加强大。

启动恢复力计划方面，继续扩大社区应急小组，启动业务恢复和韧性计划。推动邻里零售发展，支持当地商人改善和推广当地商业走廊。同时，公众参与曼哈顿南部社区重建计划的优先事项包括：保护重要的基础设施，保护住宅建筑，保护零售和商业业务，继续加强事后沟通等。

3.2 伦敦——政策助力的多维韧性城市

伦敦作为一个全球性的城市，在过去的两千多年的历史中，经历了瘟疫、火灾、恐怖袭击、金融危机等冲击与变化。2011年，伦敦发布了《城市气候变化适应战略——管理风险和增强韧性》，开发了世界级的多机构应急基础设施（Greater London Authority，2011）。2020年，发布了《伦敦城市韧性战略2020》，相较之前的行动计划，内容更具体完善，抗风险周期更长（Greater London Authority，2020）。伦敦主要面临的灾害风险为干旱、恐怖袭击、洪水、极端天气、网络攻击、基础设施失灵、传染病等，未来也还有许多不可预测的挑战，通过一系列的政策和措施制定，为不确定事件做准备，提高城市多维度韧性。

3.2.1　战略规划落地性强

《伦敦城市韧性战略 2020》中的每一项行动都列出了大致的时间，需要不同的部门协调后实施，由伦敦韧性论坛在官网上每季度公布批准的伦敦韧性论坛会议纪要。通过监督实施的方式，有计划地落实各项行动措施，形成良性的反馈机制，增加战略规划落地性。

伦敦也将韧性的概念融入城市规划中，良好的规划可以使伦敦在应对风险时更具韧性，改善城市对环境的影响（Greater London Authority，2021）。2021 年，大伦敦规划提出要想让伦敦成为更有韧性的城市，必须要做到：（1）寻求提高能源效率的方法，支持低碳循环经济的发展，为伦敦在 2050 年成为零碳城市做出贡献；（2）确保建筑和基础设施的设计能够适应气候变化，有效使用水资源，减少洪涝和热浪等自然灾害的影响，同时减轻和避免城市热岛效应；（3）创造一个安全可靠的环境，能够抵御火灾和恐怖主义等紧急情况的影响；（4）确保政府、企业、社区和志愿者各部门协同工作，采取集成、智能的方法来提供战略和地方基础设施。从能源效率、建筑和基础设施、环境安全、实施部门等角度对伦敦韧性城市建设提出要求，是与伦敦面临的灾害风险相适应的，具有问题导向性，引领规划实施落地。

3.2.2　三维韧性行动制定

伦敦制定了“韧性的人、韧性的场所、韧性的过程”三个维度的韧性行动，为应对可能出现各类冲击和压力。其中，韧性的人从社区角度出发，韧性的场所从物理环境和基础设施角度出发，韧性的过程从设计到治理的角度出发（表 3-1）。具体的行动都有详细的安排，一般包括领导者、合作者、基金支持，短、中期时间安排等。

伦敦多维度韧性行动 表 3-1

韧性行动维度	各项行动	具体内容
韧性的人	行动 1：急救	为市民提供急救教育，使其在紧急情况下能够有应变能力
	行动 2：极端热浪管理	建立纳凉点网络，应对夏季高温热浪
	行动 3：可持续用水	推广减少水资源浪费的方法
	行动 4：粮食安全	通过了解伦敦的粮食供应及其中断的影响，缓解粮食不安全的问题
	行动 5：社区风险沟通	通过制定向公众传达风险的方法，在社区建立韧性
	行动 6：场景规划和剧场	利用文化和戏剧等形式宣传，集体应对紧急情况
韧性的场所	行动 1：综合循环水系统	改善伦敦的基础水系统，增加水的循环利用
	行动 2：鼓励临时空间的使用	为伦敦临时空间使用框架的编制确定范围
	行动 3：利用数据库解决市政设施的挑战	为伦敦制定数据的通用标准并支持数据的共享和合并
	行动 4：网络应急响应能力	提高伦敦应对网络突发事件的应对能力
	行动 5：基础设施创新数据使用	通过使用数据，提高伦敦基础设施的韧性并确定投资的优先次序
	行动 6：韧性和零碳基础设施	确定实际步骤，实现可持续发展目标
	行动 7：安全、韧性的房屋和建筑	改造现有的存量住房，安全优先
	行动 8：商业韧性	理解并促进企业的适应性和韧性
韧性的过程	行动 1：拥有适应力的大伦敦市政府	发展灵活的伦敦市政府治理，以支持适应性、协作性、包容性和可持续性的决策

续表

韧性行动维度	各项行动	具体内容
韧性的过程	行动 2：拓展适应性治理	扩展灵活的城市治理模式，以支持适应性的、全域覆盖的城市韧性方法
	行动 3：反恐合作	通过反恐怖主义准备工作网络（CTPN）扩大城市反恐准备工作的合作，保证城市安全
	行动 4：应对长期风险	整合伦敦韧性伙伴关系的风险管理过程和未来风险的政策规划
	行动 5：量化破坏的成本	开发能够预测伦敦的中断成本的模型，并为政策决策提供信息
	行动 6：利用预测来改善韧性	支持以数据为中心的方法，以便在不断变化的城市中做出适应性的决策
	行动 7：为无现金社会做准备	了解以数字交易为主导的经济对社会的影响

（表格来源：伦敦市官网）

3.2.3　韧性管理框架搭建

伦敦制定了强有力的应急计划，体现在城市治理的各个层面，从社区层面的公民参与到城市层面制定促进城市良好增长的核心政策，再到将韧性思维融入长期的政策制定，对各级风险的理解支撑整个框架的形成，使政策助力城市韧性（图 3-5）。

市政局、地方当局、消防局等构成伦敦韧性组织，该组织和伦敦韧性伙伴关系的工作由伦敦韧性论坛监督。风险评估是进行伦敦韧性论坛工作的基础，每一种风险的影响和可能性以分数的形式进行评价，有效期为两年（London Resilience Group，2022）。其中，风险按主题分类，并按主体内的总体评级排序，风险最高的优先，主题以共同特征和后果为基础，包括事故和系统故障、人类和动物疾病、社会风险、自然灾害、网络攻击和恐怖主义威胁（表 3-2）。

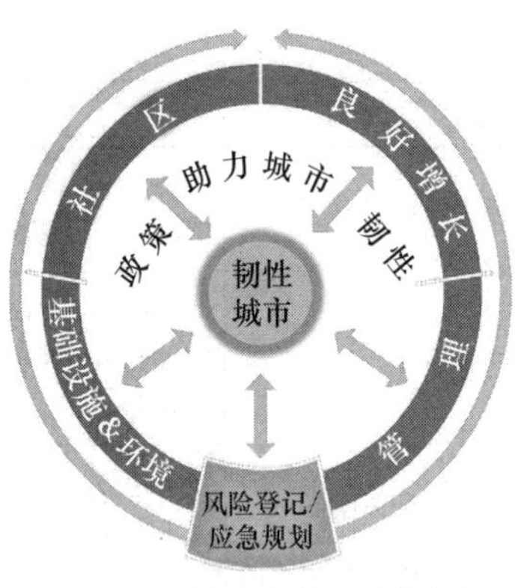

图 3-5　伦敦政策助力城市韧性
（图片来源：伦敦市政府官网）

伦敦风险登记册：高级风险矩阵汇总　　表 3-2

影响	5		R84 严重干旱	R76 国家电力传输，R95 流感大流行，T7 更大规模的 CBRN 攻击		
	4	R71 航空事故，R55 燃料配送地火灾或爆炸，R57 高压输气管道爆炸，R74 水库 / 大坝坍塌，R66 海外辐射泄漏	R77 燃气供应基础设施，R68 严重后果危险货物，L54b 大型公共和商业建筑火灾	R83 地表洪水，R92 恶劣天气，L21 河流洪水		
	3	HL23 桥梁倒塌，HL34 客船疏散，HL22 建筑物倒塌，R75 供水基础设施，R64 大型有毒化学品泄漏，R61 陆上燃料管道火灾爆炸，L66 放射性物质处理不当事故	R69 食品供应污染，R80 系统性金融危机，L64 涉及少量有毒物质释放的局部工业事故，HL105 复杂建筑环境	R91 低温和大雪，R96 抗微生物耐药性的生长，R97 新发传染病，R85 空气质量差，L19 地下水洪水，HL19 沿海 / 潮汐洪水	R90 热浪，R87 火山爆发，R54 重大火灾，R63 生物物质意外释放，L54a 火灾在专门建造的高层公寓，T2 攻击基础设施，T3 攻击运输，T6 中型 CBRN 攻击	R104 公共秩序混乱

续表

影响	2	R67 海洋污染，R62 生物病原体意外释放，R103 影响燃料供应的破产	R78 电信系统中断，R98 动物疾病，R102 工业行动（燃料），HL10 高速公路/主要干道事故，R99 工业行动（消防）	L54d 野火，L54e 养老院和医院的重大火灾，R93 风暴和大风，HL11 铁路事故，HL21 土地运动，R101 工业行动公共交通，L71b 小型飞机事件	R105 涌入的英国国民，R72 主要政府承包商倒闭，R73 主要社会关怀服务，R79 零售银行的技术故障，R100 劳工行动，T4 网络攻击 T5 较小规模的 CBRN 攻击	L54c 涉及垃圾填埋场和废物处理场所的火灾，T1 对公共场所的袭击
	1	R70 被盗放射源辐射，R94 地震	R29 网络攻击	R43 破坏民主活动		
		1- 低	2- 中 / 低	3- 中	4- 中 / 高	5- 高
		可能性				

（表格来源：伦敦市官网）

3.3　新加坡——综合全过程防涝规划的水敏感城市设计

为应对频发内涝，新加坡 ABC 水计划融入水敏感城市设计理念，基础设施支撑三生空间，形成“源头—路径—去向”的技术路线（何静娟，施益军等，2022），具有多维度多效益的价值（图 3-6）。整理 2010～2021 年已认证的 90 项 ABC 水计划项目，以土地这一载体承担的主导功能为分类依据，将新加坡 ABC 水计划认证项目大致分为生产、生活、生态三类空间。从产生的效益来看，在生产空间方面，不仅可以降低内涝发生的可能性，也能带来直接或间接的经济效益；在生活空间方面为居民提供休闲游憩场所、学习教育平台，利于提高居民的适灾意识；在生态空间方面，通过提升景观环境与水体质量来增强恢复力。水敏感城市设计的关键点在于保护天然水系，整合多功能用地并结合景观效果，增加透水地表比例，降低维护成本等（LLOYD S D，2001）。设计元素主要以基础设施为载体，可分为源头、路径、去向三部分。源头是产生雨水径流的区域，路径是雨水流经的排水沟等，去向是可能发生内涝的地区。该方法不仅解决了径流输送中的排水沟（路径）内涝问题，也解决了产生径流的空间（源头）和可能发生内涝的空间（去向）的内涝问题（CHAN F K S et al，2018）。

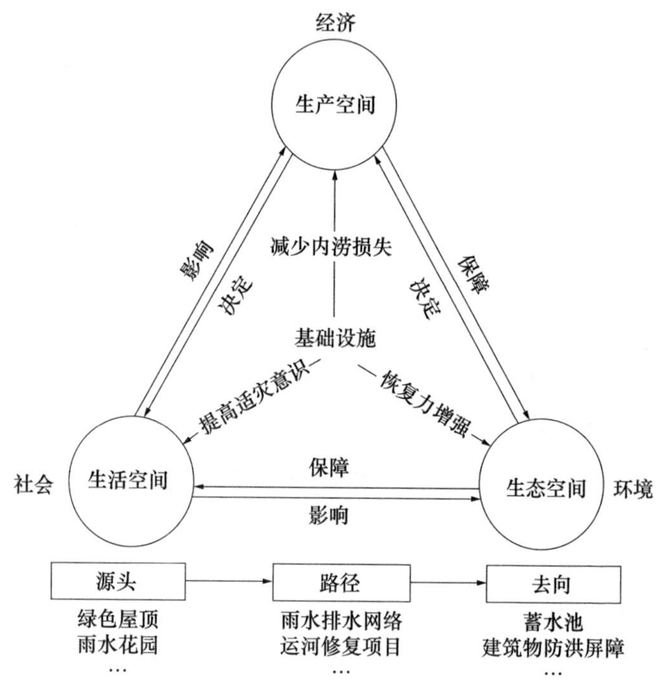

图 3-6　综合全过程水敏感城市设计流程图

3.3.1　生产空间

在生产空间上，水敏感城市设计带来的经济效益包括直接和间接两个方面。直接经济效益包括收集雨水进行利用，节省相关工程费用。间接经济效益包括提升土地价值、带动上下游产业发展、减少能源消耗和内涝损失等。新加坡国土面积小，土地使用需求竞争强，其生产空间大致可分为集中的产业园区和零散的商业空间两大类。

常见做法为：在源头和路径阶段通过水敏感城市设计的基础设施建设，如绿色屋顶、雨水花园等，对雨水进行初步净化与下渗，减少径流流量，在可能的去向阶段采取措施，一是新建建筑底层设置防洪屏障，二是蓄水池扩容，同时建筑之间建立生态走廊，不仅作为疏散通道，而且增加雨水消纳的空间。经过处理要素的净化，流入湖泊的水质得到提升，从而提高周边地块土地价值（JOSHI Y K，2012），吸引商业活动，产生经济效益。新加坡有大量公司企业、商业综合体在建筑中融入水敏感城市设计理念，如利用垂直绿化这一自然要素打造宜人宜居环境，维持建筑内部温度，减轻对制冷制热设备依赖（薄凡，庄贵阳，2018），在一定程度上也减少了电力等能源的消耗。多主体协作的模式在应对内涝灾害时，打破彼此之间的壁垒，与传统各部门独立应对相比，所耗费的经济成本更低（CUI M et al，2021）。总体上，一系列的设施在生产空间上增强防涝能力，减少内涝损失。

新加坡西部的裕廊生态园作为第一个生态商业园区，早在2010年通过ABC水计划认证，实践历史久，是水敏感城市设计在生产空间中的典型应用（图3-7）。在源头阶段，依靠雨水花园、生物净化群落等设施对雨水进行净化、收集。生物净化群落应用范围广，微生物降解污染物，基质层过滤颗粒物，矿物复合材料去除磷酸盐，高密度的植物种植不仅有利于过滤沉淀物，还能吸收水中的营养物质（图3-8）。在路径阶段，雨水经过排水渠道将水引到中央绿地。在去向阶段，最终进入到裕廊湖蓄水池，一些可能成为径流终端的建筑物也相应地设置屏障。生态园中设置的瞭望台、凉亭、木板路等设施拉进了人们与水的距离，提升商业园区的自然环境。一系列的设施体现该区域的绿色可持续发展理念，吸引清洁技术研发企业入驻。降水时，雨水径流能及时汇入河流并得到初步净化，降低内涝发生概率，减少灾害带来的经济损失。

图 3-7　裕廊生态园节点图
（图片来源：裕廊集团官网）

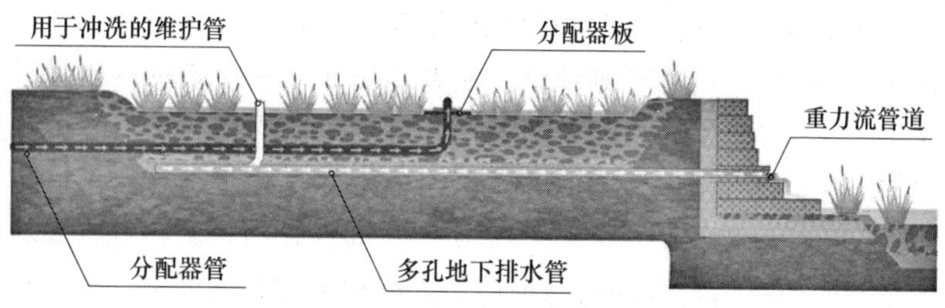

图 3-8　生物净化群落典型剖面图
（图片来源：《ABC waters design guidelines》）

3.3.2　生活空间

在生活空间上，水敏感城市设计重视将休闲娱乐功能融入基础设施中，提升居民生活的幸福感。同时，在节点周边放置 ABC 水计划相关标识，加强国民教育，培养青少年的适灾意识。新加坡的生活空间大多沿河分布，主要为承载居住、教育需求的居住区和学校及其他生活需求的空间。

在源头与路径阶段通常采用雨水花园、透水路面、绿色屋顶、植被浅沟、垂直绿化等方式，去向阶段对新建建筑设置防洪屏障、对蓄水池进行扩容。除抵御内涝的水敏感城市设计基础设施外，在生活空间上，ABC 水计划重视营造亲水环境，创造娱乐空间。设计包括划定蓄水池中的钓鱼点、皮划艇等水上运动区域，在滨水空间中建造亲水设施，吸引居民参与相关活动，提倡与水共生的生活体验，打造活力的社区。兼顾其他功能的特殊生活空间体现平灾结合的思想，建筑的绿色屋顶既可以缓解内涝，也能提供大面积草坪作为休闲空间，如滨海堤坝已成为新加坡市中心放风筝的场所，建筑中设计的高植被覆盖率的空中露台也是居民社交、锻炼的空间。在学校周围的水敏感城市设计则着重打造户外课堂空间，学生在自然环境中观察 ABC 水计划设计的特点，学习植物对雨水径流进行滞留、净化等原理与过程，向公众灌输对水的管理意识，加强公众参与。水敏感城市设计为居民打造了宜居的生活环境，提供教育场所，从而创造社会价值。

加冷河的波东巴西段周围为居住区和学校，较好体现生活空间中的水敏感城市设计。设置露天广场座位、带遮雨棚的座位、瞭望台、雨水花园、人行道以及植被浅沟，多样化的植物搭配丰富生物多样性，提高加冷河的水质，多个观景台为居民提供良好的滨水景观（图 3-9）。在源头阶段，采用植被浅沟及雨水花园的设置，植被浅沟适用于小型集水区的上游，保护下游免受侵蚀，是对粗颗粒的预处理（图 3-10）。雨水花园不仅可以安装在各种类型的花盆盒中，而且还可以作为单独的土壤过滤系统，高密度的地表植被阻滞径流并对其净化。传统的雨水花园设置地下管道，但在条件不允许时，可以使用浸湿式雨水花园应用于小型的开发项目（图 3-11）。在路径阶段，经过植被浅沟的输送、滞留、沉淀作用，雨水径流汇入加冷河，在去向阶段，最终进入滨海湾蓄水池。此外，规划设计者纳入利益相关方意见，最终设计了一个开放广场，不但作为能让学生有参与感的有关水环境的自然教育空间，也兼顾周边居民的游憩需求。

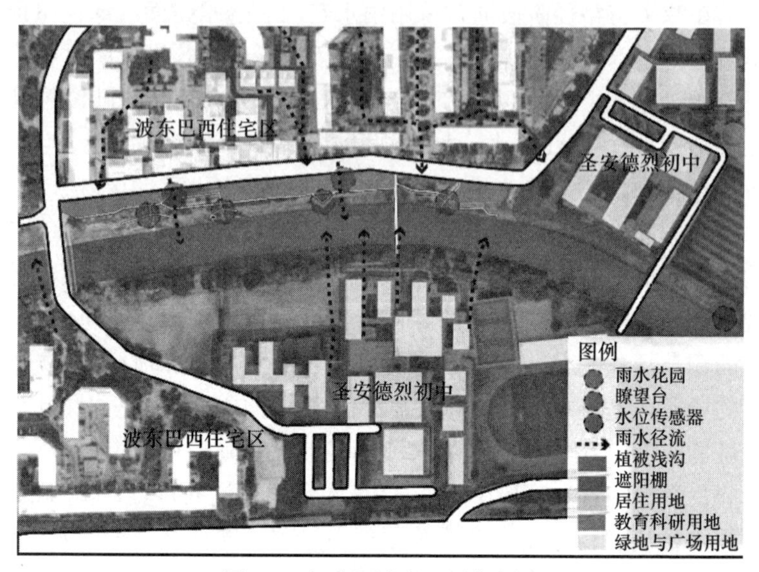

图 3-9　加冷河波东巴西节点图
（图片来源：新加坡国家水务局网站）

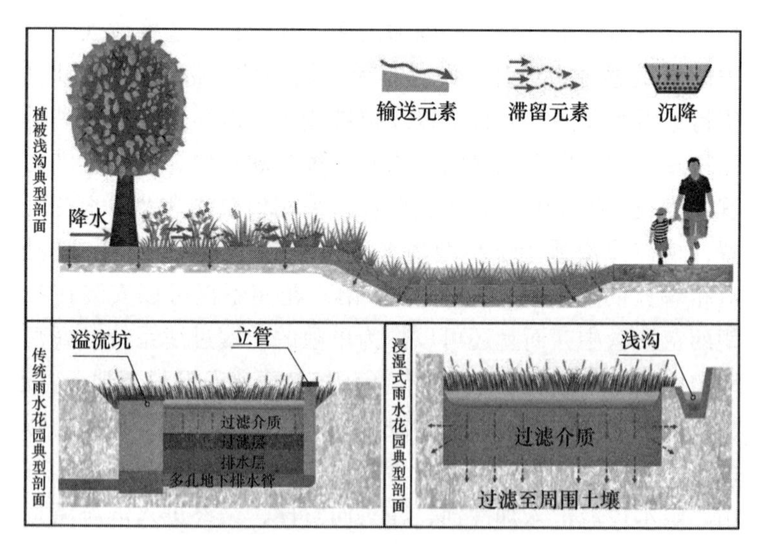

图 3-10　植被浅沟与雨水花园典型剖面图
（图片来源：《ABC waters design guidelines》）

3.3.3　生态空间

在生态空间上，水敏感城市设计体现在对景观环境的提升以及对水质的净化上，有利于恢复城市水文环境，带来显著的生态效益。新加坡的生态空间主要为自然保护区、城市公园等组成的绿色空间和纵横交织河网构成的蓝色空间。

新加坡一直以来都重视生态环境建设，绿化建设理念实现从“花园城市”到“自然中的城市”的转变，在水敏感城市设计的实际案例中，对生态空间的改造主要为硬质河道自然化，做法为将平面形态以直线为主、截面为规整几何形态、材质为混凝土的河道平面形态曲化、断面接近自然的非对称状态、用植物软化生硬的堤岸，以达到建立物质交换过程，营造动植物栖息地的效果。通过雨水花园、生物滞留池、漂浮湿地等对雨水进行净化，进而提升水质，布置水位传感器进行监测，水位危险时能及时提醒游客。让城市和自然相结合，辅以非工程手段，提高城市应对内涝灾害的能力，能更快地恢复到灾前状态。

武吉知马第一导流渠建设于20世纪70年代，最初是为了缓解武吉知马地区内涝问题，为改善导流渠建设引发的雨水流量增加的情况，进行排水系统改善工程。考虑到周边为居住用地及绿地，融入水敏感城市设计，致力于打造清洁美丽的生态空间。遮阳棚布置在水渠岸边，结合湿地系统、雨水花园、植被浅沟进行配置，沥青人行道靠近水渠，提供步行场所，加强人与环境的互动性和景观连接性（图3-11）。在源头阶段，在水渠岸边设置多个雨水花园达到治理效果，湿地系统对雨水进行处理，在路径阶段，径流进入武吉知马第一导流渠，在去向阶段，径流最终汇入麦里芝蓄水池。石笼墙和渠壁绿化则更为自然和谐。雨水花园的设置是为了处理来自附近道路的雨水径流，周围的湿地建设选用了本土植物，不仅能处理雨水，而且也为生物提供栖息地（图3-12）。根据最新的2019年总体规划，未来武吉知马第一导流渠周边将继续开发为居住用地，绿地大面积缩减，径流更容易超出土地的承载力而引发内涝，故湿地系统、植被浅沟等在降水环境时发挥的作用将更明显。

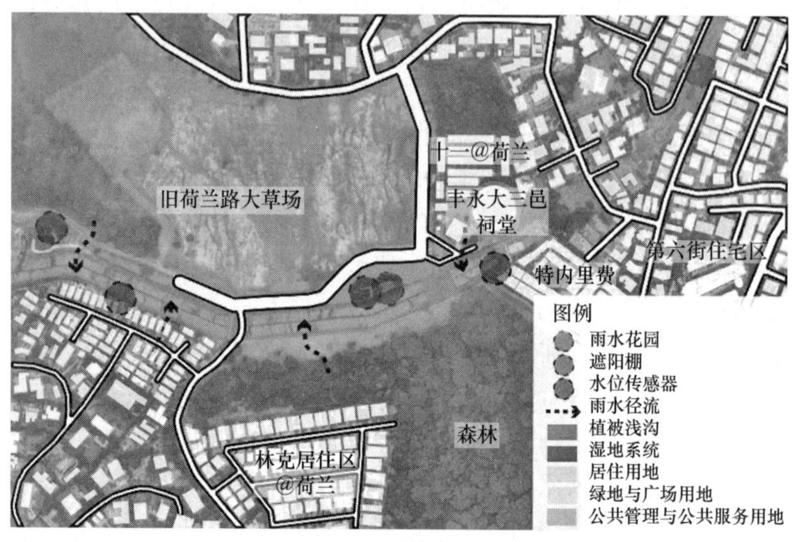

图 3-11　武吉知马第一导流渠节点图

（图片来源：武吉知马市官网）

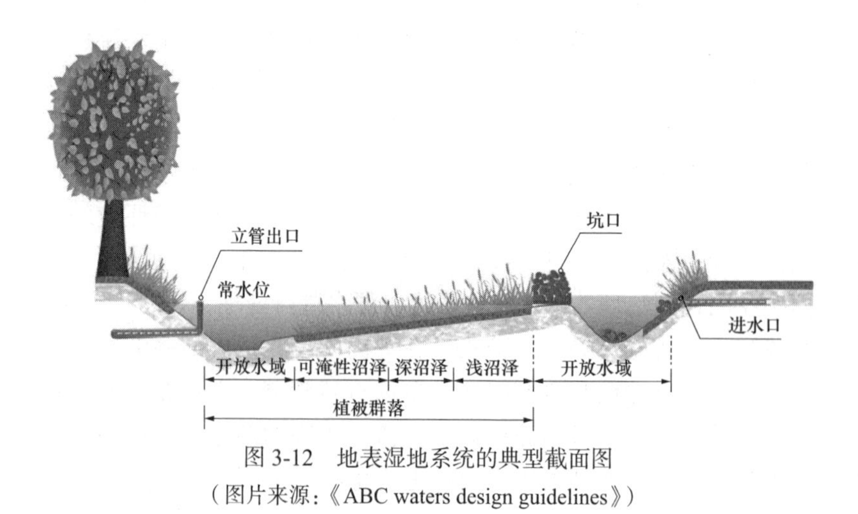

图 3-12　地表湿地系统的典型截面图

（图片来源：《ABC waters design guidelines》）

总而言之，新加坡的水敏感城市设计理念以各类基础设施为支撑，在生产、生活、生态中发挥多种效益，源头—路径—去向的路线能全程有效应对内涝灾害。

3.4　北京韧性城市建设

北京作为我国首都和全国的政治中心和文化中心，除了存在干旱、暴雨洪涝、地震、地质灾害、森林火灾等常规灾害的同时，还要面对由人口膨胀、交通拥挤、资源紧张等“大城市病”引起的复杂社会风险。为了应对上述灾害，提高城市应对能力，北京市于 2017 年 9 月将“城市韧性”纳入城市总体规划中，且完成了《北京韧性城市规划纲要研究》，成为北京市开展韧性城市建设的重要规划方案。2021 年 11 月，市政府印发《关于加快推进韧性城市建设的指导意见》，再次明确韧性城市的重要地位。以提高城市韧性度为出发点，明确北京韧性城市规划的目标，提出规划体系和管理体制两大方面的具体对策。一方面，严控中心城人口和建筑规模，优化城市空间布局，推动基础设施韧性规划，增强冗余性、连通性和模块化设计。另一方面，健全城市综合风险管理体系。构建多级联动的综合管理平台，提升应急响应能力；推广多元参与的社会共治模式，培养全民韧性意识。

3.4.1　城市空间布局优化

关注高风险区域、脆弱人群、生态安全格局构建。对于高风险性和高脆弱性的地区，应进一步确定建设控制要求；对于现状无法满足安全规范要求及具有重大安全隐患的危险源，应尽快加强监控或进行排除。在灾害风险防控中应重点关注远郊区县孤寡老人和留守儿童，建立脆弱人群清单，提高防灾自救的意识和能力。应将“刚性约束”和“弹性引导”相结合，在城市生态控制线、生态保护红线的刚性约束下，加强弹性引导，构建生态安全格局。

提升城市空间韧性主要从城市空间布局、防灾空间以及救援避难空间进行建设。增强城市空间布局安全。统筹开展全要素、全过程、全空间的风险评估，确定风险等级与防控措施，识别与划定各类灾害风险区。

（1）完善城市防灾空间格局

完善城市开敞空间系统，优化城市通风廊道，预留弹性空间作为临时疏散、隔离防护和防灾避难空间，谋划灾后中长期安置空间。科学划定、严格管控战略留白用地，在高风险或适宜地区前瞻性布局安全应急设施用地，并做好建设条件储备，预留交通、市政等基础设施接入条件。

（2）保障疏散救援避难空间

以干线公路网和城市干道网为主通道，统筹公交专线、城市应急通道和应急空中廊道，建设安全、可靠、高效的疏散救援通道系统；研究建设航空、铁路、公路协同的京津冀区域疏散救援通道。统筹应急避难场所选址和建设，逐步将各类广场、绿地、公园、学校、体育场馆、人防工程等适宜场所确定为应急避难场所。建立应急避难场所社会化储备机制，强化大型体育场馆等公共建筑平战功能转换，建设平战功能兼备的酒店型应急避难场所，预留相关功能接口，满足室内应急避难和疫情防控需求。到 2035 年，人均应急避难场所面积力争达到 2.1 平方米。

统筹拓展城市空间韧性遵循“让”“防”“避”的原则：

a.“让”指城市中重要的基础设施、人员密集场所在空间布局上应让出灾害高风险空间。

b.“防”指以城市快速路、公园、绿地、河流、广场等为界划分防灾分区，完善开敞空间，预留应急和留白用地，统筹布局公共安全设施，形成“防”的格局。

c.“避”则是建设立体疏散救援通道、统筹应急避难场所选址和建设，逐步将各类广场、绿地、公园、学校、体育场馆、人防工程等适宜场所确定为应急避难场所，强化大型体育场馆等公共建筑平战功能转换、推进综合型应急避难场所建设，做好“避”的准备。

3.4.2　城市基础设施保障

降低基础设施脆弱性、提高冗余性和连通性，优化空间布局。从以往基础设施规划“够不够”向“稳不稳”转变；提高风险区及极端天气下的市政、交通基础设施和各类防灾减灾设施的设计标准，重点保护，加强适应性；增加各系统之间的连通性，实现系统间相互备份，提高干线系统的供应安全。

（1）建筑防灾和生命线工程建设

提高建筑防灾安全性能。全面排查房屋设施抗震性能，推进现有不达标房屋设施抗震加固改造，同步做好建筑外立面及其附着物加固、拆除或降低高度等工作。严格审批和监管，杜绝出现新的抗震、防火等性能不达标建筑。提高应急指挥、医疗救护、卫生防疫、避难安置等场所的抗震设防标准，有序推进减震隔震改造。

（2）提升城市生命线工程保障能力

统筹外调水源和战略保障水源，加强应急备用水源工程建设和地下水源保护，保障供水安全。加强城市生命线工程建设、运营和维护，推行分布式、模块化、小型化、并联式城市生命线系统新模式，增强干线系统供应安全，强化系统连通性、网络化和区域自循环，实现互为备份、互为冗余。

3.4.3　城市响应能力提升

应急避难场所、避灾通道和救灾通道规划。现状（2015年）共4325个避难场所，人均0.78平方米；规划2020年人均应急避难场所面积达1.09平方米，2035年达到1.74平方米。

（1）建立韧性制度体系

制修订相关地方性法规和政府规章时，充分体现韧性城市建设要求。从规划上加强顶层设计和引领，坚持“让”“防”“避”相结合的原则，完善韧性城市规划指标体系，研究编制韧性城市专项规划，强化城市韧性提升在各项国土空间规划中的刚性约束。

（2）提高应急救援能力

整合全市应急力量和资源，加强航空应急救援力量建设，完善跨部门、跨区域快速协作和应急处置机制，强化与中央单位、驻京部队应急联动。发挥消防救援及各类专业应急救援队伍的骨干作用和应急志愿者队伍等社会力量的补充作用，统筹调配使用各类应急救援力量。发挥基层应急救援队伍“第一响应人”作用，及时就近参与灾害和事故先期处置。强化极端天气及巨灾情景应急救援能力和应急救援准备。推进小型微型消防站和消防志愿者网络化布局，显著提升火情早期处置能力。加强应急救援装备配备，满足各类突发事件处置需要。推进建设综合性应急实训基地，提高各类应急救援力量协同作战能力。

3.4.4 城市社会多元共治

增强宣传教育、鼓励多元参与、推进制度改革，构建多级联动的综合管理平台。

（1）培育城市韧性素养

坚持城市韧性理念，发展韧性文化，逐步形成人人主动提升个体韧性、自觉践行韧性城市理念、积极参与韧性城市建设的良好氛围。加强公众主动参加应急演练和灾害情景体验的政策措施，共建共享韧性城市体验馆和公共实训基地，引导公众提升应急能力。采取鼓励社会投资、政府购买服务等方式，加强服务韧性城市建设的社会组织培育。

（2）提高社会动员和秩序保障能力

健全社会动员机制，充分发挥基层党组织、基层群众自治组织、工会、共青团、妇联、红十字会、城市协管员队伍、应急志愿者队伍及其他社会组织和社会公众在应急工作中的作用。

3.5 上海韧性城市建设

上海正处于转型发展的关键时期，在全球气候变化的大趋势下，未来的城市风险呈现新的发展趋势。上海在自身发展过程中出现的基础设施老化、资源环境恶化等问题都对城市安全产生威胁，城市规模和经济持续增长也可能加剧城市灾害的影响力和破坏力。

聚焦城市生态安全和运行安全，上海在《上海市城市总体规划（2017～2035）》中提出建设“更可持续的韧性生态之城”，从三个维度提出韧性城市建设举措。

3.5.1　城市生态空间规划

（1）建设水绿交融的城市生态空间

注重河湖水面保护，利用工程性和非工程性措施提高除涝能力。继续推动海绵城市建设，缓解城市内涝问题，并鼓励开展雨水资源综合循环利用。一方面提升城市生态环境品质，另一方面通过绿色基础设施与河湖水系结合，降低未来受到洪涝灾害的风险和损失。构建沿海防护林体系，为降低台风等自然灾害的影响提供缓冲空间。

（2）构建市域生态空间体系

在空间上，构建“双环、九廊、十区”多层次、成网络、功能复合的市域生态空间体系。其中，双环指的是外环绿带和近郊绿环。在市域双环之间通过生态间隔带实现中心城外围生态空间互联互通；九廊指宽度1000米以上的嘉宝、嘉青、青松、黄浦江、大治河、金奉、浦奉、金汇港、崇明这9条生态走廊；十区指宝山、嘉定、青浦、黄浦江上游、金山、奉贤西、奉贤东、奉贤－临港、浦东、崇明这10片生态保育区。建设崇明世界级生态岛，提高全市森林覆盖率和人均公园绿地面积。

3.5.2　防灾减灾体系构建

（1）建立综合防灾空间结构

建立以各级应急避难场所为节点，救灾、疏散通道为网络的“全面覆盖、重点突出”的综合防灾空间结构。利用现有和规划建设的公园、绿地、体育场、大专院校等旷地以及地下空间，建立布局合理的避难场所体系。以世纪公园、上海体育场、顾村公园等作为中心应急避难场所，承担全市的应急避难任务。

（2）提高应急救援水平

结合大型公园绿地、旷地型公共设施、医疗急救设施等建设应急救援停机坪，提高救援效率及水平。建立空中消防救援体系，消防站布局以接警5分钟内到达责任区最远点、院前紧急呼救以接警8分钟内到达责任区最远点为一般原则。强化灾害预警防控和防灾减灾救援空间保障，提升城市抵御洪涝、地面沉降等自然灾害以及资源能源供给、突发公共事件等城市运行风险的能力。

3.5.3 社区单元防灾组织

（1）构建防灾救援管理单元

依托社区生活圈构建分布式、全覆盖的防灾、疏散、安全救援管理单元。建立普及防灾、减灾知识的宣传机制，负责面向全社会的防灾宣传及知识普及，提高市民的防灾意识和抗灾自救能力。建立宣讲材料的编制、准备和定期更新制度。组建抢险救灾专业队伍，成员由政府各机关单位及其他专业人员组成，平时仍在原单位上岗，一旦发生灾难，专业队伍则迅速集结反应，较快地投入应急抢险。队伍功能主要包括抢险抢修、医疗救护、治安、消防、防化、防疫、通信、运输、伪装防护，负责抢险、救护、指导与疏散。加强信息安全建设。提升应急基础平台、灾难备份平台、测评认证平台、网络信任平台等信息安全基础设施支撑能力。

（2）建设生命线防灾体系

上海作为老工业基地，部分生产装置年限较久，需加强危险化学品管理，促进危险化学品生产、使用、储存企业集中布局，确保将危险化学品对城市的影响降至最低。推动生命线系统安全评估，对老旧管线实施更新改造，提高防灾能力，加强消防救援、高层建筑电梯和玻璃幕墙等设施维护和改造。优化生命线管理体系，建设非工程性生命线防灾体系。

3.6　经验总结

本章总结了纽约、伦敦、新加坡、北京、上海的韧性城市建设过程。目前，国内外韧性城市建设一般是先将韧性城市建设提到规划的战略地位，然后根据各地面临灾害风险的实际情况，从基础设施、建筑环境等角度结合工程或非工程性措施展开建设，并在各部门、各层级组织的协作下，保障韧性城市建设进度稳步推进。

3.6.1　规划先行，持续推进

各个城市普遍通过城市总体规划、战略规划或各项政策意见对一定时间内的韧性城市发展建设提出总体的建设目标和实施路径（表 3-3）。国际城市较早在规划中重视韧性这一概念，发展较为成熟，已经形成适合该城市的发展模式，并不断根据实际情况进行更新，有完善的设计导则和框架。国内韧性城市规划处于模仿阶段，更多是在将韧性这一概念与总体规划嵌套融合，针对城市中不同地区的风险评估还需要进一步研究，韧性城市建设的方法论还不完善，不同城市的韧性城市建设方案较为相似。

各韧性城市建设总结　　表 3-3

城市	规划 / 政策名称	发布时间	主要灾害风险	建设重点领域
纽约	《更加强壮，更富韧性的纽约》	2013	海平面上升，飓风、洪水、高温热浪等极端气象灾害	改造住宅；医院、电力、道路等基础设施；改进沿海防洪设施
伦敦	《伦敦城市韧性战略 2020》	2020	干旱、恐怖袭击、洪水、极端天气、网络攻击、基础设施失灵、传染病	社区；物理环境和基础设施；设计到治理
新加坡	《ABC 水计划设计导则》	2018	内涝与洪水灾害	基础设施中“源头 – 路径 – 去向”的雨水处理

续表

城市	规划／政策名称	发布时间	主要灾害风险	建设重点领域
北京	《关于加快推进韧性城市建设的指导意见》	2021	暴雨洪涝、地质灾害、人口膨胀、交通拥挤、资源紧张	城市空间布局优化；健全城市基础设施保障；提高社会动员和秩序保障能力
上海	《上海市城市总体规划（2017-2035）》	2017	洪灾、基础设施老化、资源环境恶化	建设水绿交融的城市生态空间；建设综合防灾空间结构；构建社区防灾救援管理单元

国内外韧性城市建设应继续遵循规划先行的原则，根据本土的风险特点制定针对性的规划，推进韧性城市建设的进度。

3.6.2 软硬结合，全面发展

在韧性城市建设策略措施中，国内外均重视软硬结合、刚柔并存。国内外韧性城市建设遵循“多维一体”的基本框架，硬件措施涉及城市建设的方方面面，包括电力、能源、道路、医院等基础设施，也包括房屋建筑及周边环境。在软件方面，国内外均重视社区层面的居民参与和素质提高，国外技术、制度等软件措施发展更成熟。纽约不仅在基础设施、建筑环境中制定了一系列的工程措施，而且在社区层面强调公众参与，伦敦也在治理中提到了社区居民参与，新加坡重视社区居民对雨水管理的参与。国内的韧性城市建设同样在刚性措施提出的同时，关注社会的多元共治和社区单元的力量，在规划中提出要组织相关活动提高居民在韧性城市方面的素质，加强宣传的力度。工程性措施与非工程性措施相结合，加快国内外韧性城市建设，可以为各类灾害和风险提供多系统的支持体系，打造有利于灾害应对的社会环境。

3.6.3 组织管理，结构合理

韧性城市建设一般以政府为主导，社会多机构多组织共同参与。灾害风险管理领域涉及众多部门，经济、社会、民生等，需要各部门加强沟通、通力合作，如纽约和伦敦的韧性规划中，对某项具体工作的负责和协助部门都有所规定。国外通过企业投资、政府出资等方式获取建设资金，也重视志愿者部门的构建，充分利用社会力量，形成类似于政府、企业、个人的多元参与模式。政府主要发挥顶层设计作用，企业提升科技研发能力、个人积极参与治理与公益事业。国内韧性城市建设吸收了国外经验，形成社区单元防灾组织，积极培育相关社会组织。多组织共同管理韧性城市建设，有助于实现资源的合理配置，提升城市整体韧性。

参考文献

[1] BLOOMBERG M R. A greener, greater New York [EB/OL]. (2007-04) [2022-09-01]. https: //1w3f31pzvdm485dou3dppkcq-wpengine.netdna-ssl.com/wp-content/uploads/2019/04/PlaNYC-Report-2007.pdf.

[2] BLOOMBERG M R. A stronger, more resilient New York [EB/OL]. (2013-06-01) [2022-09-01]. https: //www1.nyc.gov/site/sirr/report/report.page.

[3] CHAN F K S, CHUAH C J, ZIEGLER A D, et al. Towards resilient flood risk management for Asian coastal cities: lessons learned from Hong Kong and Singapore [J]. Journal of cleaner production, 2018, 187: 576-589.

[4] CUI M, FERREIRA F, FUNG T K, et al. Tale of two cities: how nature-based solutions help create adaptive and resilient urban water management practices in Singapore and Lisbon [J]. Sustainability, 2021, 13(18): 10427.

[5] DE BLASIO B. One New York: The plan for a strong and just city [EB/OL]. (2015-12-13) [2022-09-01]. https: //resilientcitiesnetwork.org/downloadable_resources/Network/New-York-City-Resilience-Strategy-English.pdf.

[6] DE BLASIO B. OneNYC 2050: building a strong and fair city [EB/OL]. (2019-04) [2022-09-01]. https: //onenyc.cityofnewyork.us/strategies/onenyc-2050/#main-content.

[7] Greater London Authority. London city resilience strategy 2020 [EB/OL]. (2020-02) [2022-09-01]. https: //www.london.gov.uk/sites/default/files/london_city_resilience_strategy_2020_digital.pdf.

[8] Greater London Authority. Managing risks and increasing resilience [EB/OL]. (2011-10-01) [2022-09-01]. https: //www.london.gov.uk/sites/default/files/gla_

migrate_files_destination/Adaptation-oct11.pdf.
[9] Greater London Authority. The London plan [EB/OL]. (2021-03) [2022-09-01]. https: //www.london.gov.uk/sites/default/files/the_london_plan_2021.pdf.
[10] JOSHI Y K, TORTAJADA C, BISWAS A K. Cleaning of the Singapore River and Kallang Basin in Singapore: economic, social, and environmental dimensions [J]. International journal of water resources development, 2012, 28(4): 647-658.
[11] LLOYD S D. Water Sensitive Urban Design in the Australian context [R]. Australian: CRC for Catchment Hydrology, 2001.
[12] London Resilience Group. London risk register. [EB/OL]. (2022-02) [2022-09-01]. https: //www.london.gov.uk/sites/default/files/london_risk_register_version_11.pdf.
[13] NYC Mayor's Office of Resiliency. Climate resiliency design guidelines [EB/OL] (2020-09) [2022-09-01]. https: //www1.nyc.gov/assets/orr/pdf/NYC_Climate_Resiliency_Design_Guidelines_v4-0.pdf.
[14] NYC Mayor's Office of Resiliency. New York City stormwater resilience plan [EB/OL]. (2021-05) [2022-09-01]. https: //www1.nyc.gov/assets/orr/pdf/publications/stormwater-resiliency-plan.pdf.
[15] 薄凡，庄贵阳．“低碳＋”战略引领新时代绿色转型发展的方向和路径［J］．企业经济，2018（01）：19-23.
[16] 何静娟，施益军，徐丽华，马淇蔚，陆张维，吴亚琪．抵御内涝灾害的水敏感城市设计及其启示——以新加坡为例［J］．国际城市规划：1-17［2022-11-02］．DOI：10.19830/j.upi.2022.266.
[17] 罗紫元，曾坚．韧性城市规划设计的研究演进与展望［J］．现代城市研究，2022（02）：51-59.

第四章　灾害影响下的韧性城市研究方法

4.1　灾害影响下的城市复杂适应特性及韧性机制分析

4.1.1　城市系统复杂适应性分析

城市在自身正常运转过程中不断进行物质、能量、信息等要素的流通交互，依托经济、社会、生态、文化等发生多维交叉联系，促使城市系统内部子系统间以及城市系统间基于人流、物流、资金流、信息流等社会资源产生错综复杂的流空间，从而构成具有内开放与外开放特征的城市系统。城市内部各子系统的不断交流与协作是城市系统的内开放，与外部区域或其他城市系统进行的物质、能力和信息的交换则是城市的外开放。城市系统正是通过这两类开放活动不断自我调整和整合，使得新事物、新联系和新信息不断涌现，推动城市正常发展（刘春成，2017）。在城市发展过程中，城市内外部各类要素联系越加紧密，其结果是促使城市功能、结构和环境不断地发展演化，在保持演进过程整体性的同时又体现了复杂性（彭丽谦，2014），具体表现在城市系统组成内容、功能结构和所处环境的复杂性。

（1）组成内容复杂

从组成内容来看，城市系统中具有数量众多、层次多样、紧密关联的子系统，既有高层级的“特大城市系统”，也有低层级的“中小城市系统”；既有串行树枝状结构系统，也有横向蔓延的网络状、链状、原子结构状的“系统元”（周干峙，2002），这些系统相互联系相互包容共同构成城市系统，成为城市整体系统的组成子系统，每一个子系统（或更小的子系统）、每一级层次、每一种关联都代表着城市的某一方面。这些子系统结构上又呈现出多样性特征，各层次错综复杂、联系紧密，形成多样化的耦合机制，共同嵌套并服务于城市大系统中。随着城市系统的不断演化，各子系统或更小的子系统又会分化出新的要素，这些要素与要素、要素与系统间又会形成交互作用，使得城市系统复杂性的标度也越大。

同时，由于系统中各构成要素大多是呈现出一定的不同程度的非线性关系（李会，2017），从而使得整个城市复杂系统中任何一个或大或小要素的变化都会影响整体系统造成不同程度的影响，某些关键时刻的波动甚至失灵经过非线性的放大作用，往往会引起连锁反应，最终会对整个城市系统造成巨大甚至引起质变的冲击。

（2）功能结构复杂

从功能结构来看，随着城市系统的演化发展，系统会不断产生新的功能和结构需求，原有的功能和结构逐步瓦解，为适应新的环境发展需求，城市系统会通过调整自身结构和行为规则对新功能进行适应，新功能进而也做出相应配合，逐步建立起一种新的动态平衡（刘春成，2017）。同时，城市演化进程以及达到的阶段不同，系统所对应的性质和规律也不尽相同，由此产生不同的功能和结构。

例如，在现代交通、信息通信技术等快速发展背景下，城市系统内部间的分工对城市功能和结构提出新的要求，功能上表现为城市功能分区明显，即城市中心地区通常为金融服务功能，周边新区通常承担生产制造开发功能；结构上集中表现为城市与城市间所构成的网络化体系愈加明显，即从以中心城市为主导的单极化结构到中心城市与周边核心城市相互竞合的多中心结构，再到一定区域内（城市群）各城市间的复杂相互依赖形成的网络化结构（刘友金、王玮，2009），在这个过程中，城市系统内部各要素也做出相应的调整和适应。这些功能和结构也并非完全是城市系统自身演变的结果，而是在演变过程中与更高层级的系统或同等级系统相互影响、包含和制约的结果。

（3）所处环境复杂

从所处环境来看，城市是人类社会迄今为止建设的最复杂形态（刘春成，2017），内外部复杂的社会、经济、历史等环境会增加城市系统的复杂性和非线性。一方面，城市本质上是人的聚集，城市的复杂性是人类社会的映射，城市所处环境的复杂性来源于人的复杂性。由于社会中人的阶级结构、职业结构、礼仪习俗、道德价值和交往观念等诸多不同因素和层次在城市这个有限的空间范围内聚集和交织，构成城市环境复杂性的基本特征。

另一方面，城市的产生和发展都是建立在与内部和外界联系的基础上，城市每时每刻都在于所处的环境发生着千丝万缕的多样化联系，但由于内部不同地区发展速度和程度不一，其城镇化、工业化等水平也差异较大，导致各资源要素集中流向原本就更具优势的城市中心地区，可能产生城市"虹吸效应"。同时，由这种差异所导致城市不同地区不同部分对各类风险冲击的抵御和适应也带来了复杂性。

4.1.2　城市系统构成

基于上述对城市复杂适应特性机制的分析，城市系统是具有多样性的主体和要素相互关联和聚集，在内部模型的规则指导下以积木的方式拆分组合，通过标识引导涌现形成的非线性复杂巨系统，在适应环境变化过程中各主体相互联系作用产生要素流，不断塑造着系统的功能和结构，从而推动城市系统的演变和进化。从系统组成上看，借鉴其他学者对复杂适应系统的解构（刘春成，2017；Shi et al，2021），文章将城市系统看作是由要素主体、要素流和要素环境三部分组成（图 4-1）。

要素主体是城市系统的实体存在，由城市内部各子系统要素涌现而成，具有多样性和集聚性的特征，在内生力量和外部行为的双重作用下会聚集形成更高层次的多样化系统，包含由人组成的社会组织主体（如政府、企业等组织）和承载人类活动的主体

（如经济产业、基础设施等），是研究城市复杂系统的必然起点。主体具有主动性和适应性，能够感知内外部环境的刺激，通过学习、适应来调整自己的行为规则，如在受到灾害风险影响时，城市系统内各主体会根据以往经验和实际情况建立相关保障、救援制度，并做好防范措施以应对下一次的冲击。在此过程中，城市主体的学习、适应能够影响系统中其他主体的适应调整，同时也会被其他主体所影响，在彼此交互影响过程中产生联系，由此形成各类要素流。

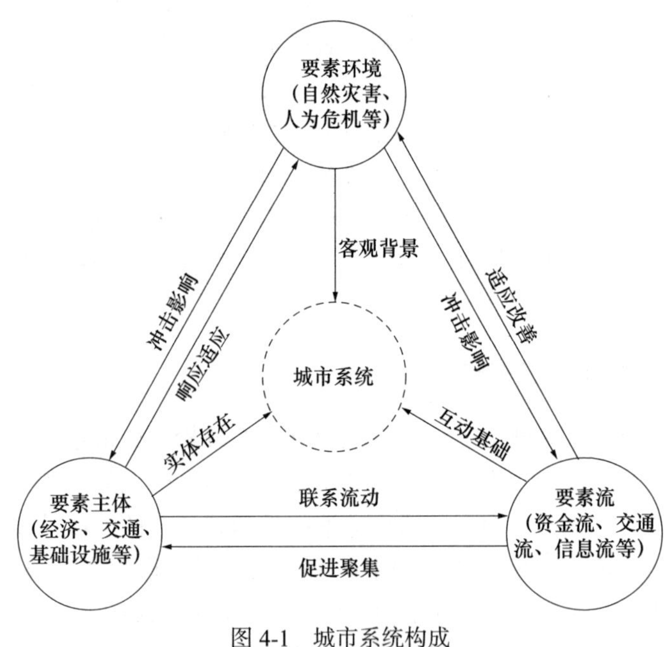

图 4-1　城市系统构成

要素流是城市系统中各主体或其他主体间互动的基础，包含物质流、能量流、资金流、信息流和交通流等。在城市系统中，在各类要素流的作用下产生主体联系，“流”的质量高低和传输强弱直接影响城市发展与演变，“流”的畅通能够促进城市系统各主体的聚集连通，反之则会割离主体之间的联系，使得系统发展失去活力。同时，由于城市系统中各主体间的非线性交互，要素流引发的是连锁效应，“流”在主体间连通产生涌现效应，使得各类要素流在城市群系统中呈现持续动态的循环，并与主体共同构成城市系统的整体结构，并在此过程中在环境的影响下不断调整适应。

要素环境是城市在发展过程中所面临的环境，既包含了慢性压力型的环境（如气候变化、生态环境等），也包含了急性冲击型的环境（各类灾害和风险），是城市系统发展与演进的客观背景。城市在发展与演进过程中内部主体与外部环境间不断发生各类物质能量交换，环境的变化会直接导致内部主体间的交互行为发生改变，也会使得主体间交互的“流”也随之变化。同时，由于城市系统的非线性作用，任一单个主体内外部环境的变化在非线性的放大作用下也会使得整个城市系统环境发生极大变化，进而深刻影响主体的交互形式和“流”的畅通效率。

4.1.3　城市韧性作用机制分析

基于 CAS 理论，城市韧性具有适应能力和调节能力，以便更好地应对各种不确定的风险和扰动。从作用机制上看，在城市系统中，各类不确定的内外部冲击压力会对主体和流的聚集和流动产生不同程度的冲击和影响，不同的主体通过相互联系和相互影响产生各类“流”，“流”又进一步推动了主体的聚集发展，三者相互作用联系，共同推动系统的演变和发展，总体而言，城市系统的韧性作用机制可描述为：灾害环境驱动主体适应，主体聚集产生功能，要素流动刻画结构（图 4-2）。

灾害环境驱动主体适应是指在内外部环境刺激下，原有的功能和结构无法满足新的增长需求时，城市系统中各主体通过跨区域和跨部门联动，在原有功能和结构的基础上调整行为以适应环境变化，不断优化系统的功能和结构，与新的增长需求和功能建立新的适应关系。如在城市群区域一体化的环境背景下，以城市为单位的市场已不能满足新经济、新技术等增长的需求，需要打破原有壁垒建立以城市群为单位的要素自由流动的统一开放贸易市场。在这种适应过程中，城市系统原有的功能和结构并非完全消失，而是融入新的功能和结构中，仍保留着原有的属性，会根据环境的变化产生新的主体运转交互模式，体现为一种具有继承性和延续性的适应。

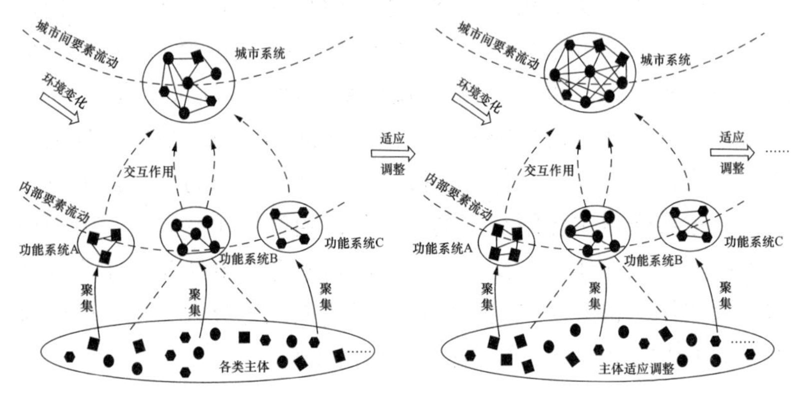

图 4-2　城市韧性作用机制

主体聚集产生功能指的是各类主体在标识的引导下聚集涌现产生新的、更高层次的主体，主体间的相互作用会形成更大规模的功能系统。在城市复杂系统中，低等级的主体根据某种特定的方式组合形成较高层级的主体，往往是决定系统发生质变的关键转折点，功能上通常表现为主体集聚到一定程度会产生新的有关联的产业和相应的空间载体，而在产业和空间上占有较大分量的主体往往体现了相应的功能。如城市子系统中代表生产制造的主体聚集产生相互关联的制造产业，在空间上则会形成相应的产业园区，若这类主体、产业在城市行业中占额较大，那么该城市则会表现出城市生产制造功能。同时，在主体的交互作用下，各城市间通过要素流形成一定的功能联系，产生分工合作和功能互补，进一步反作用区域或城市群系统，推动区域或城市群协调发展。

要素流动刻画结构是指城市系统中各主体在协同发展和交互动力的非线性作用下会与其他主体产生联系，形成各类内部循环流动的要素流，要素流在各主体之间流动产生涌现效应，由此刻画了城市系统的整体结构。各类要素流的畅通与否直接影响着城市整体系统的发展和演变，要素的畅通流动也是将城市视为一个整体系统的关键，是联合各子系统形成交互作用的基础媒介，也是城市突破传统中心地模式形成网络发展形态的重要因素。在要素流传输连通过程中，结构通过自身变化对新环境、新功能进行适应，同时也推动城市系统环境的改善和功能的提升，三者共同构成城市系统的动态演进，进而增强城市系统的整体性。

总的来说，城市系统中不同的系统要素间通过相互联系、相互耦合和相互影响形成了城市的功能结构。各类灾害风险和不确定性事件带来的环境变化，会对整个城市系统产生不同程度的冲击和影响。城市系统在内开放和外开放两种行为中不断演化并出现分异，伴随着外部环境的变化，城市主体主动从环境变化中学习，提升系统适应能力，即环境变化催生适应性的功能与结构，而功能与结构决定了城市群系统各项特征表现，其中也包括城市的韧性特征。由此，从城市的作用机制出发，围绕环境、功能和结构三个系统主体的内部适应和外部交互作用进行城市韧性研究，强调系统通过实施结构再组织将外界扰动对系统的影响降到最低或者利用扰动实现系统演变和发展（Shi et al，2021）。

4.2　城市灾害风险评估研究方法构建

城市韧性所针对的对象是可能对城市系统产生负面影响的各类扰动，这些扰动包含自然灾害、人为灾害以及由城市系统内生问题产生的干扰。这些灾害风险环境会直接对城市系统造成冲击和影响，影响城市系统功能和结构的正常运行，造成不同程度的损失，与城市韧性呈负相关关系，即灾害风险越高，则整个城市系统的韧性越低。Norris 将这些扰乱系统的灾害风险称为“压力”（Pressure）（NORRIS F N et al，2008），从种类看，既包括慢性压力型的环境，也包含急性冲击型的环境；从其来源看，可分为自然灾害、人为灾害和系统内生三方面的压力。

自然灾害的压力：自然灾害是影响城市韧性最主要和最直接的方面，与城市灾害韧性有着密切的关系。自然灾害无时无刻不在发生，因此常常带来巨大的消极的或破坏的作用。人类目前对自然灾害还不具备有效的控制手段，只能通过采取避害趋利、除害兴利等措施进行防灾减灾，但难以消灾。自然灾害是人类过去、现在、将来所面对的最严峻的挑战之一，属于城市发展面临的急性冲击环境。

人为灾害的压力：除了自然灾害，人类社会系统的活动也会给城市发展带来挑战，例如恐怖袭击、战争、传染病、火灾、化学品泄漏等问题，也给城市系统带来不小的打击。另外，随着科技的发展，新的灾害不断产生，例如核泄漏、强电磁辐射等，都影响着城市正常的生产生活，阻碍城市健康发展，同样属于急性冲击环境。

城市系统内生问题：除了快速的风险冲击，资源过度消耗、生态破坏、废弃物排放等慢性的城市系统内生问题也是城市所面临的压力之一。这些问题往往表征不明显，并不像自然灾害和人为灾害一样在短时间内造成大规模的冲击与扰动，使城市陷入紊乱，但对此类问题放任不管，会长期制约着城市发展（陈丹羽，2019），属于城市发展面临的慢性压力环境。

4.2.1 指标选取

构建指标体系是当前城市及区域进行韧性评估的常用方法，在选取城市系统灾害风险压力指标时需遵循以下原则：（1）系统性，应力求指标覆盖面广，选取的指标应能全面系统地反映城市在发展过程中所面临的风险压力；（2）科学性，在选取指标过程中要有合理的依据，尽可能使选择的每一个韧性指标都有对应的文献支撑，所选的指标在评估内容和方法上也应规范统一；（3）可行性，在选取指标时要考虑数据获取的难易程度，是否为官方数据，同时要适用于文章所使用的模型公式；（4）普遍性与特殊性结合，一套合理的指标体系的大部分指标应能适用于不同的城市区域。但同时，不同的城市具有不同的发展环境，导致其面临的灾害风险也不尽相同的，因此在选择指标时要考虑城市地区的特殊性。

一般来说，灾害风险评估主要涉及四个方面：致灾因子的危害性、孕灾环境的敏感性、承灾体的易损性以及城市的防灾能力。具体来说，致灾因子的危害性主要反映灾害发生的强度和频率；孕灾环境敏感性是指在城市生态环境中遇到干扰时，出现环境问题的难度和可能性。城市灾害对环境的敏感性与地理环境、地质条件、气候条件等有关（如海拔、坡度、耕地面积、河网密度等）；承灾体易损性是指受影响的实体，在人口规模、经济发展水平和城市建筑质量上都能反映城市的易损性。在保持防灾能力和灾害等级不变的情况下，人口密度越高的城市，伤亡越大。同样，一个经济发展水平高的城市在经济上更容易受到严重影响；最后，根据疏散点的建设和分布、城市救援能力、应急管理能力等来判断城市的防灾能力（表 4-1）。

城市灾害风险评估指标体系 **表 4-1**

目标层	一级指标	二级指标
城市灾害风险分析	致灾因子危险性	灾害频率
		灾害强度
	孕灾环境敏感性	地形因子
		土地因子
		河网因子
		高程因子
	承灾体易损性	人口脆弱性
		经济脆弱性
		建筑脆弱性
		基础设施脆弱性
	防灾减灾能力	灾害风险意识
		综合减灾能力

4.2.2 评估方法

指标体系权重确定上，目前使用较多的方法有 AHP 层次分析法、TOPSIS 分析法、熵值法、灰色关联度分析法等，文章采用熵值法确定城市灾害风险压力评估指标体系各项指标权重。熵值法作为一种客观赋权法，一定程度上避免了主观赋权法评价的随机性和不确定性，有效反映了各项评价指标间的非线性特征，更加符合作为 CAS 的城市系统属性，故文章通过熵值法确定各项指标权重，鉴于熵值法目前已是一种成熟的确权法，本文不在此过多赘述，可参考杨丽等人的研究（杨丽、孙之淳，2015）。

城市作为一个复杂适应系统，各类灾害风险在非线性的作用下会对城市系统造成巨大的影响。因此，在计算城市灾害风险压力时并不能使用简单的叠加，而是要引入非线性计算。为更加科学合理的测量城市系统面临的灾害压力，本文引入支持向量回归机（Support Vector Regression，SVR）算法。SVR 是新一代机器学习方法，由 Vapnik 等人在 SVM（Support Vector Machine，SVM）的基础上引入不敏感损失函数做回归分析的算法，在处理小样本、非线性问题时具有很大的优势，目前已有学者将其引入社会研究领域指标评估（朱慧慧、李健，2022），为本文提供了一定的借鉴意义。其基本原理如下：

在熵权法计算出各指标权重的基础上得出各年份各指标训练值，给定训练数据 $D=\{(x_1, y_1), (x_2, y_2) \cdots (x_i, y_i)\}$，$x_i \in R^n$，$y_i \in R$，$i$ 为训练样本个数。通过非线性映射 φ 将输入空间 R^n 转换到高维特征空间 H 中，并在高维空间进行线性回归，实现高维空间的线性化，表示为：

$$f(x)=w \cdot \varphi(x)+b \tag{4-1}$$

式中：$\varphi(x)$ 为特征空间；w 为权重系数；b 为偏置项。找到 w 和 b 的最优解，使得 $f(x)-w \cdot \varphi(x)-b \leqslant \varepsilon$，对应的优化目标函数如下式：

$$D(x)=\frac{1}{2}\|w\|^2+\frac{1}{l}\sum_{i=1}^{l}|f(x_i)-y_i|_\varepsilon \tag{4-2}$$

式中：$|f(x_i)-y_i|_\varepsilon$ 为 Vapnik 定义的损失函数。由于存在拟合误差，这里引入松弛变量 $\xi_i\geqslant\xi_i^*\geqslant0$ 满足数据拟合，引入惩罚因子 $C>0$，对损失进行惩罚，则最优化问题转化为最小化，如下式：

$$D(w,b,\xi_i,\xi_i^*)=\frac{1}{2}\|w\|^2+C\sum_{i=1}^{l}(\xi_i+\xi_i^*) \tag{4-3}$$

$$\text{s.t.}\begin{cases}y_i-w\cdot\varphi(x)-b\leqslant\varepsilon+\xi_i\\ w\cdot\varphi(x)+b-y_i\leqslant\varepsilon+\xi_{i'},(i=1,\cdots,l)\\ \xi_i,\xi_i^*\geqslant0\end{cases} \tag{4-4}$$

根据泛函相关理论，引进一个满足 Mercer 条件的核函数 $K(x_i,x)$，且 $K(x_i,x)=\varphi(x_i)\cdot\varphi(x)$，$x_i$ 为训练样本数据，x 为测试数据。通过非线性变换，便能得到 SVR 模型：

$$f(x)=w\cdot\varphi(x)+b=\sum_{i=1}^{l}y_i(\alpha_i^*-\alpha_i)K(x_i,x)+b \tag{4-5}$$

4.3　城市韧性评估方法构建

城市系统韧性评估方法的构建主要基于城市系统的结构及其演变机制提出。通过前文对城市韧性研究的梳理可以发现，目前已有的韧性评估的相关方法和模型主要以指标法居多，这种方法对城市系统的复杂特性和特点考虑不足。基于城市系统的复杂特性，本文中拟从系统环境韧性（ER）、系统结构韧性（FR）和系统要素韧性（SR）三方面提出城市系统的韧性评估的方法构思。具体来说，城市系统的韧性评估的思路和过程如下：

4.3.1　城市系统环境韧性（ER）评估方法

系统环境是指这个城市系统所面临的环境，就类别上来说，系统环境既包含了慢性压力型的环境（如气候条件、生态环境等），也包含了急性冲击型的环境（主要指各类灾害和风险）；既包含了有利的社会经济发展环境（如市场化、现代化、城镇化），也包含了不利的灾害风险环境。在本研究中，在进行城市系统环境韧性的评估时，拟从社会经济环境（e）、灾害风险环境（r）和生态环境（s）三方面构建评估模型（示意图见图 4-2）。三方面中，社会经济环境与环境韧性呈现正向关系，社会经济环境越好城市系统环境韧性越高。后两者与整个系统环境的韧性呈负相关关系，即灾害风险越高、生态敏感性越高，则整个系统环境的韧性越低（图 4-3）。

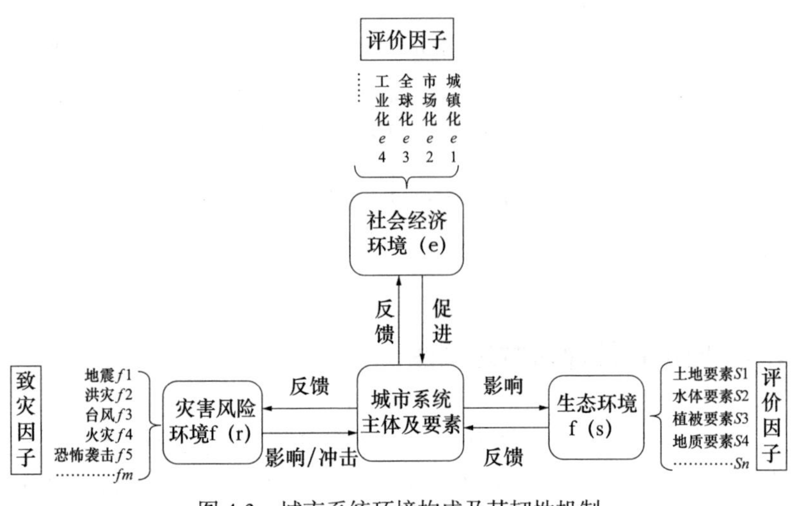

图 4-3　城市系统环境构成及其韧性机制

4.3.2　城市系统要素韧性（SR）评估方法

从类别上来说，城市系统包含了基础设施系统、经济系统、社会系统和组织管理系统等主要几个子系统。对城市系统要素韧性的评估，主要是对这几个子系统韧性的评估。城市系统要素的韧性评估也是基于这几个子系统的韧性评估，但值得注意的是，具有复杂系统典型特征的城市系统要素的韧性评估并非由各个子系统韧性评估结果简单的相加得到，而是一种非线性的叠加结果（Non-Linear Superposition），各子系统之间与子系统和城市系统之间均存在着相互作用和相互影响。因此在评估城市系统要素的韧性时，也需要采用非线性叠加的模型。假设用 sr1，sr2，sr3，…，srn 等表示不同的子系统的韧性能力，则整个城市系统要素韧性能力可以表示为 SR = f（sr1，sr2，sr3，…，srn）。

目前比较常用的非线性叠加模型注意包括 Miner 叠加原理、Boltsman 叠加原理和非线性流变模型（Fan and Jin，2016）。其模型计算公式具体如下：

Miner 叠加原理的非线性叠加模型：

$$\sum_{i=1}^{N}\frac{\Delta t^{i}}{t_{\mathrm{c}}^{i}}=1 \tag{4-6}$$

Boltsman 叠加原理的非线性叠加模型：

$$\varepsilon(t)=\sigma_0 J(t)+\sum_{i=1}^{r}\Delta\sigma_j J(t-\upsilon_i) \tag{4-7}$$

非线性流变叠加模型：

$$\varepsilon(\sigma,t)=\varepsilon(\sigma_0,t_0)+\sum_{j=1}^{r}\{\varepsilon(\sigma_j,\bar{t}_j+\Delta t_j)-\varepsilon(\sigma_j,\bar{t}_j)\} \tag{4-8}$$

上述公式中，t 表示时间段，$\bar{t}$ 表示等效时间，σ 表示各个子系统的韧性能力，其他为参数。在本研究中，拟通过对 Miner 叠加原理、Boltsman 叠加原理和非线性流变模型三种非线性叠加模型的计算结果进行对比，最终确定整个城市系统要素韧性能力（图 4-4）。

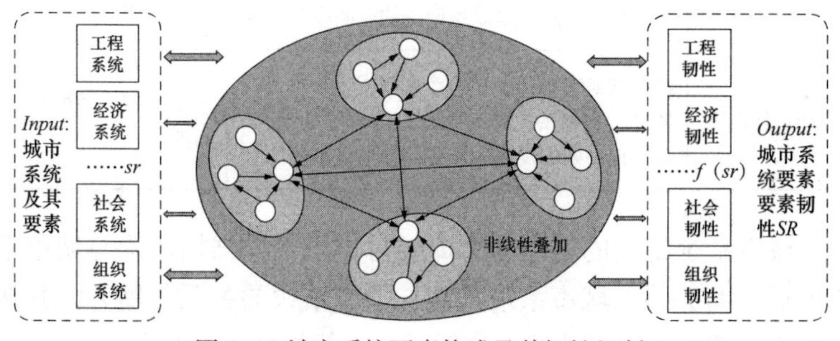

图 4-4　城市系统要素构成及其韧性机制

4.3.3 城市系统结构韧性（FR）评估方法

城市系统结构韧性反映的是整个城市系统主体及及其各个子系统要素在应对外部冲击和风险时，其系统结构属性如何应对和消化外部冲击和风险进而恢复、保持或改善原有系统结构特征和关键系统功能的能力。要有效评估城市系统结构的韧性，首先要解决的是城市系统结构韧性的属性剥离，即识别出影响城市系统结构韧性能力的主要因素。根据前文中对城市系统构成所做出的界定，城市系统结构反映的是这些系统构成主体及其构成要素之间的相互联系和相互作用。因此，基于各个系统主体和要素构成的联系网络（如经济联系网络、信息联系网络、交通联系网络、组织联系网络等，表 4-2）是构成城市系统的结构主体。

城市各类联系网络韧性体现　　表 4-2

网络类型	说明	韧性体现
经济联系网络	经济联系网络是促成其他要素形成紧密联系网络的基础，能够支撑和促进各城市间的经济增长，增强经济的空间溢出效应	经济系统的抵抗力和可持续发展力
交通联系网络	交通网络是各要素流传输流动的主要载体，其网络是否发达和通畅直接影响城市联系网络的综合运输和承载力	交通基础设施的稳定性、畅通性和应急救援能力
信息联系网络	信息流是一种利用新兴大数据研究的虚拟联系，一定程度上突破了地理空间的约束，能够较好地反映城市联系网络的空间联系特征	社会资源的集聚能力和反馈能力
创新合作网络	创新联系网络是知识生产和技术发展的外在体现，创新的主体主要为企业和科研机构，对其他要素的发展有着重要的推动影响	冲击后城市转型和创新能力

城市系统结构的韧性能力即探讨城市系统结构风险与城市系统内活动的关系、城市系统功能与系统结构的关系等展开，并认为城市系统内各要素的节点位置、节点等级分布、节点度值分布、

网络异质性和多样性、连通性、脆弱性、鲁棒性等属性是影响城市系统结构韧性的重要因素。因此，本文尝试从层次性、匹配性、传输性、脆弱性、鲁棒性五个方面提出城市系统结构韧性评估的方法（Duan and Yang，2007；Fang and Liu，2008；表 4-3）。

城市系统结构韧性评估指标　　表 4-3

评价指标	指标属性	计算公式	指标意义
层次性	正向	$K_h = C\cdot(K_h^*)^A$　公式（6） 其中，K_h 表示节点 h 的度，K_h^* 表示节点 h 的排序，A 表示斜率，C 表示常数	系统内主体的分布特征层级（hierarchy）的测度可以通过网络度分布指标体现，度分布的斜率越大则表示节点间度的层级性越显著
匹配性	正向	$\overline{K_h} = \sum_{i\in V} K_i / K_h$　公式（7） $B = (\overline{K_h} - D)/K_h$　公式（8） 其中，K_i 是节点 h 的相邻节点 i 的度；V 是节点 h 所有相邻节点的集合；D 为常数；b 是度关联系数	系统内主体与功能的相关性。匹配性主要通过度关联（degree correlation）指标来体现
传输性	正向	$L = \frac{1}{1/2n(n+1)}\sum_{i>j} d_{ij}$　公式（9） 其中，L 是网络的平均路径长度，n 是节点数，d_{ij} 是从节点 i 到节点 j 的距离	系统内主体间的连通和扩散效率，传输性通过网络的平均路径长度指标来进行评估
脆弱性	负向	$Vu = \sum_k V_P(e_i, d_k)\, V_R(c_j, d_k)$ 公式（10） 其中，V_p 表示保护方面的脆弱性，V_R 表示响应方面的脆弱性，e_i 表示所有的威胁事件，c_j 表示损失程度，d_k 表示破坏状态	系统在灾害风险发生前的防灾能力
鲁棒性	正向	$Ro(t) = 1/e^{\lambda t}$　公式（11） 其中，t 表示时间段，λ 表示城市系统的失效率	系统的相对稳定性，反映的是城市系统在灾害风险发生时维持基本功能的能力

基于各个城市系统结构韧性评估指标计算，最终可以得到城市系统结构韧性能力，城市系统结构韧性指数（FR）可以表示为。

其中，层次性、匹配性、传输性和鲁棒性与城市系统韧性呈现正向相关关系，即这几项指标值越大，城市系统韧性值越大。

$$FR = A \times B \times L \times Ro / Vu \quad (4\text{-}9)$$

参考文献

[1] Duan, H., & Yang, D. A preliminary study on the mathematical description of the complexity of urban system [J]. Human Geography, 2007, 3, 112-115.

[2] Fan, H., & Jin, F. Application and discussion of the principle of nonlinear superposition [J]. Mechanics and Practice, 2016, 21(05), 53-54.

[3] Fang, Y., & Liu, J. Study on the complexity of urban system evolution [J]. Human Geography, 2008, 06, 42-46.

[4] NORRIS F N, STEVENS S P, PFEFFERBAUM B, et al. Community resilience as a metaphor, theory, set of capacities and strategy for disaster readiness [J]. Community Psychology, 2008 (41): 127-150.

[5] SHI Y J, ZHAI G F, XU L H, et al. Assessment methods of urban system resilience : From the perspective of complex adaptive system theory [J]. Cities, 2021, 112 : 103-141.

[6] 陈丹羽．基于压力－状态－响应模型的城市韧性评估［D］．武汉：华中科技大学，2019.

[7] 刘春成．城市隐秩序—复杂适应系统理论的城市应用［M］．北京：社会科学文献出版社，2017.

[8] 李会．城市结构的多维性和复杂性［D］．焦作：河南工业大学，2017.

[9] 刘友金，王玮．世界典型城市群发展经验及对我国的启示［J］．湖南科技大学学报（社会科学版），2009，12（01）：84-88.

[10] 彭丽谦．当代人居环境研究中的复杂性思维方法［D］．长沙：湖南大学，2014.

[11] 杨丽，孙之淳．基于熵值法的西部新型城镇化发展水平测评［J］．经济问题，2015（03）：115-119.

[12] 周干峙．城市及其区域——一个典型的开放的复杂巨系统［J］．城市规划，2002（02）：7-8＋18.

[13] 朱慧慧，李健．基于SVR模型的乡村环境适老性评价——以临安区天目村为例［J］．西南师范大学学报（自然科学版），2022，47（03）：72-81.

第五章　实证：城市灾害风险评估与分析

5.1　厦门城市洪涝灾害风险评估与分析

厦门市位于中国福建省东南沿海（图 5-1）。它是中国东南沿海地区的主要中心城市和港口城市。2017 年，厦门常住人口为 401 万，城镇化率达到 89.1%，国内生产总值为 4351.8 亿元人民币。受气候、地形、水系等灾害因素的影响，洪水灾害一直是影响厦门的主要灾害之一。厦门具有典型的滨海丘陵地貌。从地形上看，厦门以丘陵为主，尤其是中部，岛外地形由西北向东南逐渐下降，形成山峦、梯田、平原的阶梯状景观。厦门属亚热带海洋性季风气候，年平均降水量 1388 毫米。受地形影响，降水量总体呈由东南向西北递减的趋势，季节和地点变化较大。

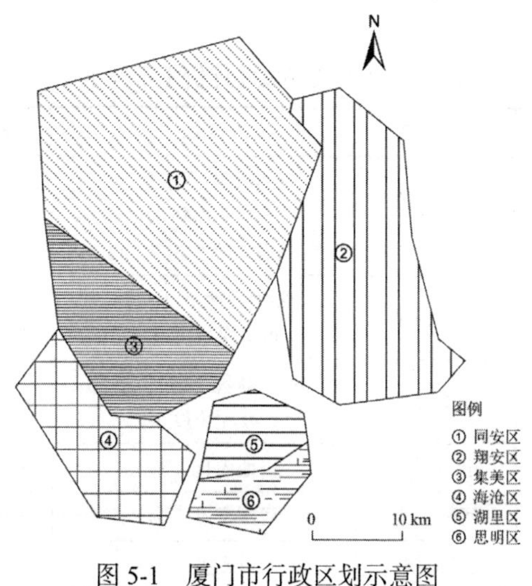

图 5-1　厦门市行政区划示意图

台风是该市洪水的主要来源。1949 年以来，大规模台风已造成厦门历史上最严重的五次洪涝灾害，造成了严重人员伤亡和经济损失。厦门市洪涝灾害主要发生在汛期（每年 5 月至 10 月），9 月达到高峰。近年来，随着城市水利设施的不断建设和完善，防洪标准执行力度不断加大，厦门的抗洪能力得到了很大增强。然而，厦门目前仍然受到极端天气的威胁。

5.1.1 洪涝灾害评估方法

FDRA 是以风险理论为基础，对洪水灾害发生的可能性和后果进行分析，为城市防洪及相关规划活动的开展提供依据。本文主要借鉴自然灾害风险理论，构建洪涝灾害分析评价方法，从风险、敏感性、易损性、防灾减灾能力四个方面对洪涝灾害风险进行评价（Chen W，2016）。同时，考虑到降雨是引发洪涝灾害的主要因素，利用该因子作为情景参数，估算了不同降雨情景下的洪涝灾害风险。考虑到降水条件的差异，构建了年平均降水量、汛期平均降水量和台风期降水量三种降水情景。在此基础上，利用 GIS 软件进一步得到了三个洪水灾害风险评价结果。具体指标体系及权重值如下（表 5-1）。

厦门市洪涝灾害风险评价指标体系　　表 5-1

类别	子类别	解释	属性	权重
致灾因子危害性	降水因子	年平均降水量 汛期平均降水量 台风期间降水量（mm）	正指标	0.1786
	洪水因子	距河流距离（m） 水库库容（m^3）	正指标	0.0815
环境敏感性	地形因素	高程（m） 坡度（度）	正指标	0.1538
	土地因素	耕地占比（%）	负指标	0.0393
	河网因素	河网密度（%）	正指标	0.0949
承灾体易损性	人口易损性	人口密度（%）	正指标	0.0387

续表

类别	子类别	解释	属性	权重
承灾体易损性	经济易损性	人均 GDP	正指标	0.0274
	建筑易损性	建筑质量 建筑年限	正指标	0.0531
防灾抗灾能力	防洪能力	雨水管网密度（%）	负指标	0.1762
	综合响应能力	城市化水平（%） 路网密度（%）	负指标	0.1564

数据来源：本文涉及的经济、人口等数据来源于《厦门市统计年鉴》和《厦门市经济普查数据》。有关降水、洪水和台风的数据来自厦门市气象局、海洋局和应急办公室。国土地形相关数据来自厦门市国土资源局和地震局。路网等相关数据来自厦门市交通运输局、住建局、《统计年鉴》。

根据洪灾风险评价指标和计算权重，确定洪灾风险评价公式如下：

$$R = \sum_{i=1}^{n} F_i w_i \tag{5-1}$$

考虑到现有评估系统中的一些指标（例如降水因素）被用作平均值，评估结果反映了大多数州的灾害风险。因此，本文将多情景因素作为洪水灾害风险评估的参数因素，对不同情景下的城市洪水灾害风险进行评估。然后我们对方程（9）进行修正：

$$R = \sum_{i=1}^{n} \beta_\theta F_i w_i \tag{5-2}$$

$$\beta_\theta = \{\beta_\theta | \theta = 1, 2, 3, \cdots, m\}, \ m \in N^* \tag{5-3}$$

其中，β 表示情景参数。本文认为洪涝灾害主要受降水影响。因此，采用降水因子作为情景参数，对三种降水条件下的洪涝灾害风险进行了估算。F 表示每个指标因子。R 表示每个指示器的重量。代表洪水灾害的风险。

根据综合评价结果，对不同洪涝灾害风险区进行风险等级划分（5-4）和规划。在本文中，我们主要采用自然突变法对灾害风险等级进行分类。自然突变方法基于数据固有的自然分组。识别分类区间，对相似度值进行优化分组，最大程度地实现类间差异：

$$V=\{V_1,\ V_2,\ V_3,\ \cdots,\ V_N\},\ N\in N^* \tag{5-4}$$

5.1.2 多情景下洪灾风险评估与分析

（1）致灾因子危害分析

洪灾致灾因子主要从降水因素和积水因素两个方面考虑。

在降水因子的情况下，以降水因子为情景参数，选取年平均降水量、汛期平均降水量、台风期降水量三种不同的降水情景模拟厦门市的洪涝灾害风险。（1）选取 2005～2015 年厦门市年平均降水量，代表正常降水条件下的情况；（2）用厦门市同期汛期（每年 5 月至 10 月）年平均降水量来表示灾害的一般情况；（3）选择大型台风（本文中的“梅兰蒂”（Meranti）台风）期间的降水量作为极端灾害条件下的一种情景。通过对《厦门市气象公报》2005～2015 年降水资料的分析，利用 GIS 软件模拟不同的降水情景。从模拟结果（图 5-2）可以看出，年平均降水量和汛期平均降水量呈现由西北向东南递减的趋势，台风情景下的降水明显受台风路径的影响。从降水的空间分布来看，台风情景下的降水量最高，大部分地区的降水量超过了情景 1 和情景 2 的最高降水量。

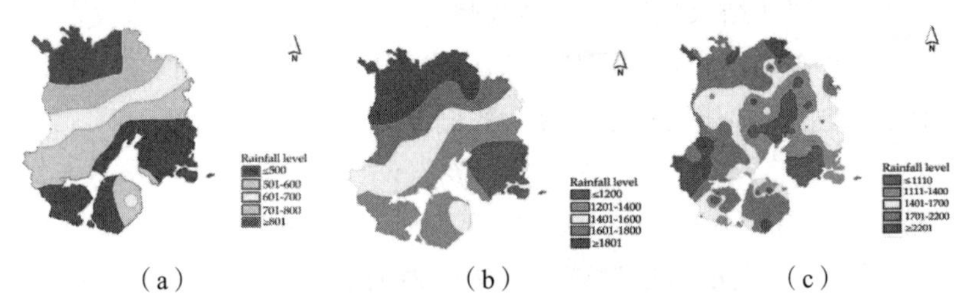

（a）　（b）　（c）

图 5-2　厦门市不同情景的降水模拟

（a）多年平均降水情景的降水模拟；（b）汛期情景的降水模拟；（c）台风过境情景的降水模拟

在洪水因子方面，考虑了水库库容和距离河流距离两个指标。一般来说，某一地区发生洪涝灾害的概率很大程度上取决于该地区河网的分布情况。离江河湖泊越近，发生洪涝灾害的风险就越大。同时，河水流量越大，水库库容越大，因此在发生洪水时影响范围越大。本文利用不同河网和水库的缓冲区来说明河网对洪水灾害的影响。不同的缓冲区宽度代表了不同路段受洪水影响的难度风险水平。从分析结果来看（图 5-3），密集区河网风险明显较高，沿海地区的风险高于内陆地区。

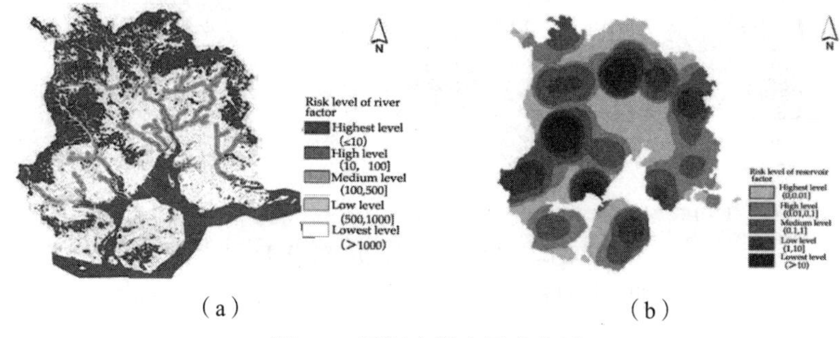

（a）　　　　　　　　　　　　（b）

图 5-3　厦门市洪水因素分析

（a）河流缓冲区分析；（b）水库缓冲分析

（2）环境敏感性分析

从土地因素、地形因素和河网因素三个方面考察了洪涝灾害对环境的敏感性。（1）土地因素：不同类型的土地利用对地表天然水调节能力和雨水径流的影响不同。林区土壤具有较强的渗水能力，不易形成滞水。农林地渗水能力中等。城市建成区地表以坚硬地表为主，渗水能力最差。然而，在城市规模上，道路防渗面数据的获取相对困难。本文利用耕地比例来表示土地要素的渗水能力，并得到土地要素的评价结果。从评价结果（图 5-4）可以看出，厦门市区土地的渗水能力最差。因此，风险高于中心城区以外的几个地区。（2）地形因素：厦门市地形以平原、梯田、丘陵为主，地势由西北向东南倾斜。山区地形影响局部降水，在陡坡地带，暴雨时更易发生泥石流等险情。以厦门市 DEM 数据为基础，对高程和坡度两个因子进行叠加分析，得到地形因子的分析结果。从评价结果可以看出（图 5-4），厦门市地形因素风险由西北向东南逐渐降低。（3）河网因素：厦门市水系较为复杂。山北支流坡度大，洪水泛滥快，城南地势平坦，沿海地势低。鉴于此，本文对厦门市进行了地表径流模拟和水流长度计算。在此基础上，进行河网提取和河网密度分析，最终得到厦门河网密度图（图 5-4）。

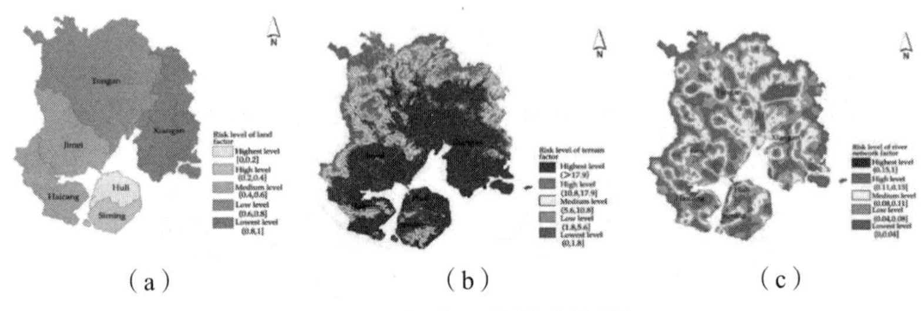

（a）　　（b）　　（c）

图 5-4　厦门市环境敏感性分析

（a）土地因素分析；（b）地形因素分析；（c）河网因素分析

（3）承灾体易损性分析

承灾体易损性主要是指城市遭受洪涝灾害威胁时人民生命财产的损失程度。它与该地区的人口、财产的集中度以及建筑物的性能有关。在其他条件不变的情况下，人口密度较大、人均 GDP 较高、建筑质量较差的地区更容易遭受洪灾的严重破坏。因此，本文从人口脆弱性、经济脆弱性和建筑脆弱性的角度来考虑洪灾风险的脆弱性。具体确定了人口密度、人均 GDP、建筑质量和建筑年限四个指标。如图 5-5 所示，厦门的人均 GDP、人口密度和建筑质量都呈现出从北向南递增的一致格局。这个城市的中部地区 GDP 最高，人口密度最高，建筑质量最好，最容易受到洪水的影响。

（4）灾害韧性分析

在相同的灾害条件下，防洪能力决定了城市在洪灾中损失的大小。城市防洪能力越高，洪灾造成的损失就越小。洪涝灾害的防灾能力主要由防洪能力和综合响应能力两个方面决定。前者是指防灾基础设施建设和排水工程措施，后者是指城市应对灾害风险的能力，关系到城市社会经济水平和市政设施水平。由于基础设施和经济水平的影响（从厦门市的经济水平和基础设施状况来看，思明区和湖里区是厦门的核心城区，经济水平最高，GDP总量占厦门市50%以上（2005～2015年）。同时，这两个地区的基础设施相对完善，基础设施资产投资占全市资产投资总额（2005～2015年）的30%以上。集美区、海沧区、翔安区、同安区经济总量较低，基础设施水平较前两区偏低，厦门中心城区防洪排涝能力和综合响应能力最强。而城市边缘区的翔安区和同安区的防灾能力相对较弱（图5-6）。

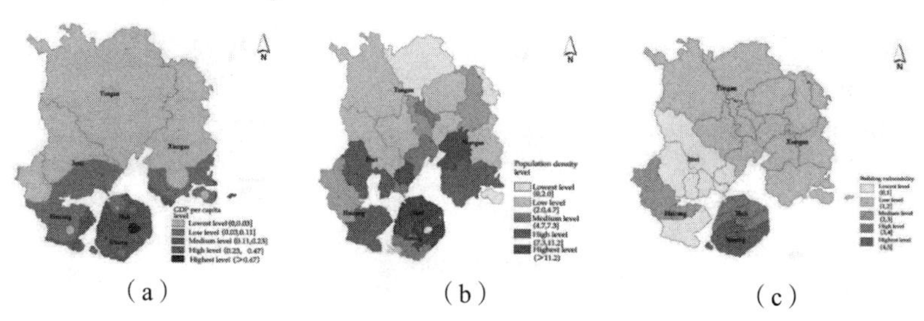

图5-5　厦门市承灾体易损性分析

（a）经济易损性分析；（b）人口易损性分析；（c）建筑易损性分析

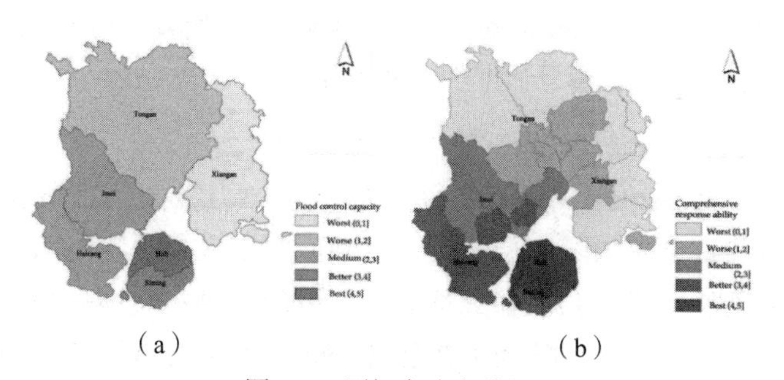

图5-6　厦门市防灾分析

（a）防洪能力分析；（b）综合反应能力分析

（5）多情景下洪灾风险评估

如上所述，本文以降水量为情景参数，构建了三种洪水风险评估情景，并对厦门市在三种不同降水情景下的洪水风险水平进行了分析。每个场景描述如下：

- 多年平均年降雨量情景下的洪水风险评估

计算了2005～2015年《厦门气象公报》各站点年平均降水量资料，并利用GIS软件模拟多年平均年降水情景下的洪涝灾害风险（图5-7）。在这种情况下，厦门市洪水位较高的地区主要分布在北部山区。这主要是由于北方地势较高，地形起伏较大，降水较多地区风险较大。建成区地势相对平坦，各类基础设施齐全。因此，该地区的洪水分析水平较低。总体来看，在这种情景下，厦门市洪涝灾害总体风险相对较低。

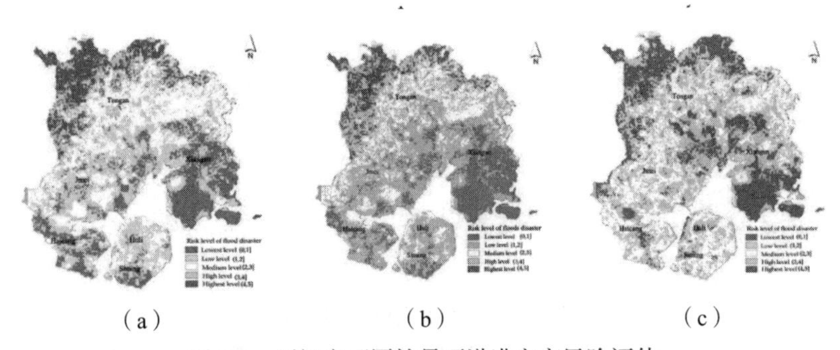

（a）　　（b）　　（c）

图5-7　厦门市不同情景下洪涝灾害风险评估

（a）年均降水情景下的评估结果；（b）汛期平均降水量情景下的评估结果；（c）台风期间降水量情景下的评估结果

• 汛期平均降水情景下的洪水风险评估

以2005～2015年汛期（每年5月至10月）厦门市气象公报记录的各站点平均降水量为例，得到厦门市多年平均降水情况下的洪水风险（图5-7）。在此情景下，厦门市洪灾总体风险水平较情景一有所上升。高危区仍在北部山区，但中心城区和中心城区的中危区明显增多。总体来看，厦门建成区的洪水风险水平仍然较低，说明厦门能够更好地应对经常性灾害带来的洪水威胁。

• 大台风降水情景下的洪水风险评估

据《厦门统计气象公报》数据显示，2016年梅兰蒂台风期间，厦门有较强降水，累计降水量达201.2毫米，达到暴雨量级。台风造成严重人员伤亡和直接经济损失。台风“梅兰蒂”是厦门历史上最严重的台风，用于模拟极端降水条件下厦门的洪涝灾害风险

（图 5-7）。结果发现，与情景 1 和情景 2 不同，厦门面临的总体洪水风险水平显著增加，这是危险因素增加的必然结果。此外，研究结果还表明，中部地区、海沧区、集美区的洪涝灾害风险水平最高，经济发展水平最高。一方面反映了城市化大规模建设导致城市原有自然生态调节能力的弱化。另一方面，它反映了厦门现有的基础设施建设和设防标准无法应对极端天气造成的洪涝灾害。

通过将三个降水情景的洪水风险结果与历史上的洪灾数据叠加在一起（现有的灾害数据库记录了厦门城市建成区洪水历史）。因此，记录的洪水易发地点也分布在城市建成区。同时，本文在模拟不同情景下的洪水易发地点时，主要针对城市建成区），进一步模拟了不同降水情景下厦门城市建成区的洪水易发地点。如图 5-8 所示，厦门市洪水多发区主要分布在城市建成区内，中心城区的洪水多发区发生的可能性较大。立交桥下空间、地下空间、城中村等区域已成为洪灾的新分布区。另外，通过比较三种降水情景下的洪涝易发地点，我们可以发现，由大范围台风降水引起的洪涝灾害发生的可能性要高于其他两种情景。这是由于台风带来的大范围短时强降水，厦门市排水管网规划建设标准普遍偏低所致。特别是一些老城区（如同安区、集美区的老城镇、城中村）仍采用雨污结合排水系统。雨水管道一般按 1～2 年标识设计和施工，排水能力严重不足，造成城市洪涝灾害。

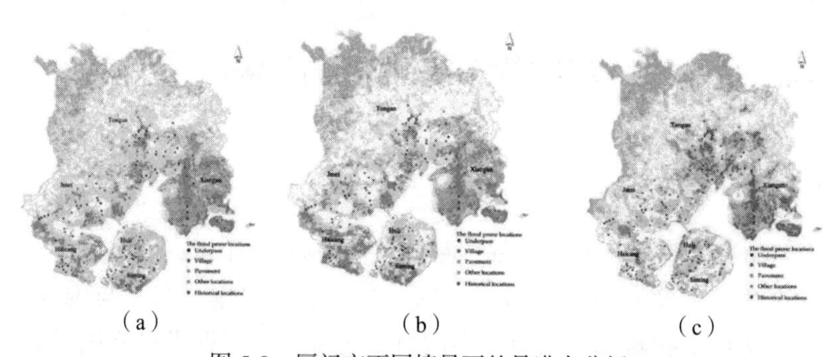

（a）　　（b）　　（c）

图 5-8　厦门市不同情景下的易涝点分析

（a）年均降水量情景下的易涝点；（b）汛期平均降水量情景下的易涝点；（c）台风期间降水量情景下的易涝点

(6)防洪分区划分

根据不同模拟情景下得到的洪涝灾害风险评估结果和洪涝灾害易发部位，划分防洪分区。在划定防洪分区时，一方面，以城市建设用地为依据，综合考虑水利工程布局、易发洪水地点和管理权限等因素。另一方面，充分考虑了水系、地形、排水管网等因素。在保持水系完整性的同时，合理安排不同地形高度区域的排水方式，避免将地势高、易排水区域和地势低的区域划分为同一防洪区。需要注意的是，防洪区也针对城市建成区。通过划分防洪分区，可以形成一个相对独立、协调的防洪体系，为我们制定相应的防灾措施、协调不同区域之间的防洪设施建设、提出相应的规划提供依据。最终将有助于形成管理方便、建设集约、抗灾能力强、反应迅速的综合防洪减灾格局。

厦门市南北地形起伏较大，水系复杂，降水时空分布不均，造成厦门市大面积洪涝灾害影响。本文将厦门建成区划分为 11 个防洪区，分别包括本道区、同安北部、同安区、东同安区、锡林溪流域、东肯湾区、广查南部、翔安区、吉林湾区、后溪区、马銮湾区和海沧南部。各防洪分区在划分防洪分区的基础上，通过布置防洪措施，形成相对独立的防洪体系。此外，在每个防洪分区内，根据水系和地形划分若干排水分区，形成高效集约的综合排水系统。

5.2 杭州市中泰街道生态风险评估与分析

5.2.1 研究区概况

中泰街道位于杭州西郊，距杭州市中心 25 千米，双向八车道城市快速通道直达，西南与临安、富阳两市接壤，东北与闲林、余杭两街道相毗邻，素有“中国竹笛之乡”和“省级民族民间艺术（竹笛）之乡”称号。街道下辖 10 个建制村、4 个社区，至 2018 年，户籍总人口 3.2576 万人，区域总面积 71.05 平方千米。

中泰街道多山地低丘缓坡，土层深厚，土地肥沃，适宜于杂竹的生长，当地所产苦竹经霜，阴干存放三年，可用于制竹笛，竹箫等乐器，是全国制竹同类产品的最好原料。与此同时，中泰街道苗圃产业兴盛，以苗木种类繁多、规格齐全而闻名于苗木行业。中泰街道旅游资源丰富，现有休闲旅游景点六家，休闲旅游服务公司一家，初步形成以同家乡村、南湖花城、山谷演义、石盂寺、志绿生态园、野枫岭农庄共 6 家为主的休闲旅游主导实体。

中泰街道以 02 省道为界，南面山岳起伏，为低山丘陵区，且南部丘陵地区，林业资源丰富，中泰街道的森林覆盖率达到了 66.3%，铜山溪、直路溪、孟坞溪自南而入苕溪，运粮河水与余杭南渠河相连。沿溪、河两岸为河谷平原，群山怀抱，山清水秀，自然生态环境良好（图 5-9）。

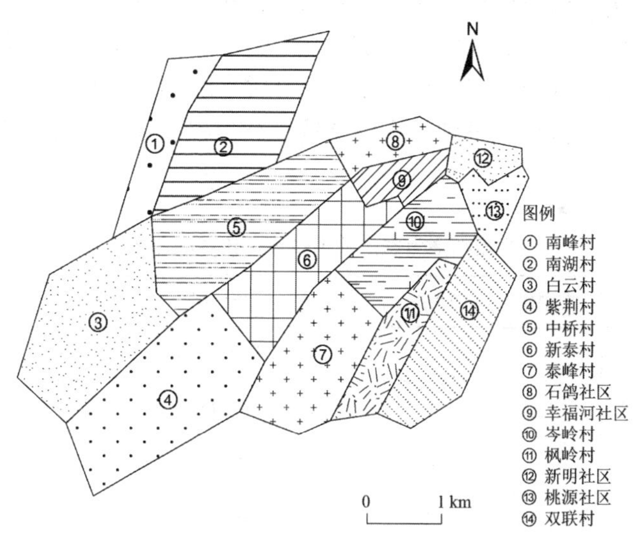

图 5-9　中泰街道区位示意图

5. 2. 2　山水林田湖生态价值指标体系构建

“山水林田湖”是一个生命共同体，人的命脉在田，田的命脉在水，水的命脉在山，山的命脉在土，土的命脉在树，这从本质上深刻揭示了人与自然的紧密共生关系。山、水、林、田、湖作为构成自然生态系统的基本框架，是不同自然生态系统间物质流、能量流和信息流的载体，在自然生态系统与人类活动中发挥着关键性的作用。

构建科学合理的山水林田湖“生命共同体”生态系统价值评价指标体系有助于有针对性地开展全面诊断和指导山水林田湖生态保护修复的区域问题和工作方向，评价指标既要表现特性又需具有共性。通过对现有的生态系统价值评价体系进行梳理，选取生态承载力评价、生态适宜性评价和生态敏感性评价三个指标对中泰街道的山水林田湖“生命共同体”进行生态系统的评价与分析。

（1）生态承载力评价方法

本研究的目标层为生态承载力，其包含支持力系统和压力系统，强调资源、生态及经济的相互关系。表 5-2 构建了中泰街道生态承载力系统的 18 个指标，指标中的数据来源于中泰街道统计年鉴、余杭区国民经济和社会发展统计公报以及遥感影像中提取获得的数据。

中泰街道生态承载力综合评价指标体系　　表 5-2

目标层	准则层	因素层	指标层	指标属性
生态承载力	支持力系统	自然气候	P1 年降水量（mm）	正向
			P2 年平均气温（℃）	正向
		水文植被覆盖	P3 植被覆盖率（%）	正向
			P4 水网密度指数	正向
		经济发展	P5 人均 GDP（元）	正向
			P6 第三产业增加值（亿元）	正向
			P7 规模以上工业产值（万元）	正向
			P8 高新技术产业产值（万元）	正向

续表

目标层	准则层	因素层	指标层	指标属性
生态承载力	压力系统	社会进步	P9 城市化率（%）	正向
			P10 农民人均可支配收入（元）	正向
			P11 人口密度（人 /ha）	负向
	压力系统	人口增长	P12 人均耕地面积（ha）	正向
			P13 人口自然增长率（千分比）	负向
		能源消耗	P14 全社会用水量（万吨）	负向
			P15 全社会用电量（万度）	负向
		环境污染	P16 酸雨发生率（%）	负向
			P17 SO_2 浓度年均值（mg/m^3）	负向
			P18 PM2.5 浓度（ug/m^3）	负向

采用承载指数、压力指数和承载压力指数来定量描述城市生态承载力的承载水平。承载指数代表城市生态系统的客观承载能力大小；压力指数代表经济发展、社会进步对资源和环境所产生的压力。用公式表示社鞥他系统承载指数方式如下：

$$S = \sum_{i=1}^{m} Z_i \times W_i \qquad (5\text{-}5)$$

式中，S 为生态系统的承载指数；Z_i 为支持力指标 i 标准化后的值；W_i 为支持力指标 i 相应的权重，$i = 1, 2, \cdots, m$。

用公式表示生态系统的压力指数的方式如下：

$$P = \sum_{j=1}^{m} Y_i \times W_i \qquad (5\text{-}6)$$

式中，P 为生态系统的压力指数；Y_j 为压力指标 j 标准化后的值；W_j 为压力指标 j 相应的权重，$j = 1, 2, \cdots, m$。

用公式表示承载压力度指数（D）的方式如下：

$$D = P/S \qquad (5\text{-}7)$$

生态系统的承载状况通过生态系统承载指数和生态系统压力指数共同反映。承载指数越大，表示生态系统承载力越大；压力指数越大，表示生态系统所受压力越大，生态系统承载力越低。承载压力度指数是用于表示生态系统总体承载状况，分析承载压力度指数可以知道超载的原因，从而提出相应的措施。

（2）生态敏感性评价方法

生态敏感性是指生态系统对区域内自然和人类活动干扰的敏感程度，即生态系统在遇到干扰时，生态环境问题出现的概率大小。它是评价生态系统健康活力、恢复力和生态功能区划的重要指标。生态环境是自然因素和人为因素共同作用的结果，影响生态敏感性的因子随研究区域和研究尺度而不同。本着主导因素、综合性、科学性与实践性、简单性及规范性等原则选取生态敏感性评价因子。本文根据研究区的自然条件和生态现状，选取高程、坡度、坡向、土地利用现状、水体、人口密度和山体大小 7 项作为生态敏感性分析的评价指标（表 5-3）。

生态敏感性评价因子分级标准及赋值表　　表 5-3

因子	因子得分				
	1	2	3	4	5
	非敏感	低敏感	中敏感	高敏感	极高敏感
高程	＜ 20	20～50	50～200	200～400	＞ 400
坡度	＜ 8°	8° ～15°	15° ～25°	25° ～45°	＞ 45°
坡向	平地、正南	东南、西南	正东、正西	东北、西北	正北
土地利用状况	建设用地	田	水、湖	林	山
水体缓冲区	＞ 500	125～500	50～125		＜ 50m
山体大小	无山体		＜ 100		＞ 100ha
人口密度	＞ 1000	700～1000	500～700	400～500	＜ 400 人 /km^2

（3）生态适宜性评价方法

生态适宜性是指在规划区确定的土地利用方式对生态因素的影响程度，是土地开发利用适宜程度的依据。生态适宜性分析是指在生态调查的基础上，为寻求最佳可行的土地利用方案，在研究区内就土地利用方式对生态要素的影响程度进行的评价。综合中泰街道的用地现状、开发目标、性质以及当前建设面临的问题等因素，对区域土地生态适宜性进行综合评价。为避免因子重复选取，仅选取生态敏感性和道路两个因子作为生态敏感性的评价指标（表 5-4）。

生态适宜性评价因子分级标准及赋值表　　表 5-4

因子	因子得分				
	1	2	3	4	5
	不适宜	低适宜	较适宜	适宜	高适宜
生态敏感性	极高敏感	高敏感	中敏感	低敏感	非敏感
道路缓冲区		＞ 250	125～250		＜ 125m

在进行城市化建设过程中，不仅要充分考虑到生态环境的承受能力，而且还要充分考虑生态敏感性。与此同时，交通条件对城镇建设用地导向性很强，交通可达性强、便捷度高的区位比其他地方更容易转化为建设用地。

5. 2. 3　中泰街道山水林田湖生态价值评价与分析

（1）生态承载力评价与分析

通过生态承载力计算公式，得出中泰街道 2010～2019 年承载指数评价表（表 5-5）。

中泰街道 2010～2019 年承载指数评价表　　表 5-5

年份	2010	2015	2019
承载指数	0.4488	0.9774	2.2019
分级	低承载	中承载	高承载

由表 5-5 可知，2010～2019 年，中泰街道的承载指数逐渐

增大，呈上升趋势。从2010年的低承载状态到2015年的中承载状态转为2019年的高承载状态，表明中泰街道环境治理较好和资源分配合理，使得中泰街道生态系统的支持能力向好的趋势发展。这主要是由于在2010～2019年随着人口数量的增加，中泰街道采取了降低污染物排放、提高生产效率等有效措施，如酸雨发生率、PM2.5浓度等均不断下降，而人均GDP、第三产业增加值、高新技术产业产值逐年提高等，使得承载系统的支持力得到提高。

通过压力指数计算公式，得出中泰街道2010～2019年压力指数评价表（表5-6）。

中泰街道2010～2019年压力指数评价表　　表5-6

年份	2010	2015	2019
压力指数	1.4244	0.9596	0.7937
分级	中压力	中压力	低压力

由表5-9可知，2010～2015年间，中泰街道压力指数处于中压力状态，生态承载力压力较大，但到了2019年，压力指数降低转为低压力状态，说明状态街道的环境改善、节能减排等原因，使得生态系统的压力在向减小的趋势发展。

承载压力度使用承载指数比上压力指数得到的值，反映生态承载力与生态压力大小之间的关系，其数值结果见表5-7和图5-10。

由表5-7和图5-10可得，2015年前，中泰街道承载压力指数最高，生态系统处于一个高负荷状态，而在2015年后承载压力指数下降，生态系统呈现低负荷状态，表明在2015年后，中泰街道的生态环境容量由相对紧张进入到一个相对盈余状态。由此可见，自2010年以来，中泰街道在资源、环境、经济和社会发展方面采取了多项有效措施，即提升生态系统的支撑力，也降低社会经济发展给生态系统带来的压力。总体来看，中泰街道生态系统的承载能力不断提高，整体呈现较好的发展趋势。

中泰街道 2010～2019 年承载压力指数综合评价表　　表 5-7

年份	2010	2015	2019
承载压力指数	3.1740	0.9817	0.3605
分级	承载高负荷	承载低负荷	承载低负荷

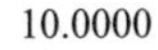

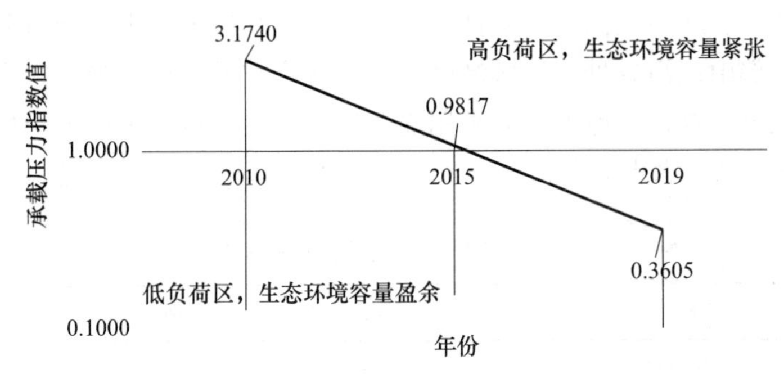

图 5-10　中泰街道 2010～2019 年承载压力指数图

（2）生态敏感性评价与分析

由中泰街道山水林田湖生态承载力评价可知，自 2015 年后，中泰街道生态承载压力指数降低，生态系统承载能力增强，生态环境容量盈余，故在进行生态适宜性和生态敏感性评价时，选取 2019 年数据作为研究对象，对过往年份不在进行分析。

通过分析表 5-8、表 5-9 和图 5-11 可得，极高敏感区面积最大，占总面积的 46.33%，分布在高程高，坡度大且邻近水域的区域，如白云村、紫荆村、泰峰村，该区域生态价值高，一旦出现破坏干扰，不仅影响正常的开发建设活动，而且有可能会给区域生态系统带来严重破坏，属于自然生态重点保护地段，其在空间分布上与森林分布基本重合，由于森林具有保持水土、涵养水源、保护生物多样性的功能，生态敏感性极高，不能进行随意的开发与破坏。高敏感区占据的研究区的比例较大，这是由于研究区森林覆盖率大，这一区域对人类活动敏感性较高，生态恢复难，对维持最敏感区的生态功能与气候环境等方面起着重要作用，但相比于极高敏感区，该区域坡度较缓，可以适当地进行林业和农业的生产种植。中敏感区主要位于中泰街道的中部地区，集中分布在坡度不大的耕地和园地区域。该区域生态敏感程度一般，可承受轻度的人类干扰，同时土壤条件较好，适宜果树、花卉苗木的生长与繁育及一般农作物生长。低敏感区和非敏感区分布在坡度较缓，植被较单一的区域，如南峰村、南湖村、石鸽社区、幸福河社区、新明社区、桃源社区、芩岭村，其集中在中泰街道北部及中部山地河谷处，该区域生态敏感程度较低，可承受一定强度的人类干扰，土地可作多种用途开发，但开发过程中应加快植被恢复，减少水土流失和环境污染，从而保护环境和维护生态。

中泰街道生态敏感性评价分区表　　　表 5-8

分区	生态敏感性评价值	所占比例（%）
非敏感区	1.0～1.9	25.24
低敏感区	1.9～2.4	12.21
中敏感区	2.4～2.8	4.90
高敏感区	2.8～3.5	11.34
极高敏感区	3.5～4.6	46.33

中泰街道各村（社区）生态敏感性评价分区表　　　表 5-9

村（社区）	非敏感区	低敏感区	中敏感区	高敏感区	极高敏感区
紫荆村	1.56%	9.98%	4.79%	3.76%	79.91%
新泰村	23.74%	22.53%	3.56%	6.00%	44.17%
泰峰村	4.05%	11.86%	6.15%	8.70%	69.24%
枫岭村	8.21%	14.57%	7.71%	21.50%	48.01%
双联村	10.37%	17.97%	4.10%	19.53%	48.03%
白云村	5.80%	13.63%	2.90%	11.60%	66.07%
中桥村	19.06%	15.78%	4.16%	17.68%	43.32%

续表

村（社区）	非敏感区	低敏感区	中敏感区	高敏感区	极高敏感区
南湖村	63.27%	3.67%	0.63%	8.50%	23.93%
南峰村	46.98%	6.73%	1.82%	13.14%	31.32%
岑岭村	47.85%	9.00%	17.56%	19.73%	5.87%
桃源、新明社区	89.70%	1.18%	5.88%	3.24%	0.00%
石鸽、幸福社区	91.86%	4.26%	3.83%	0.05%	0.00%

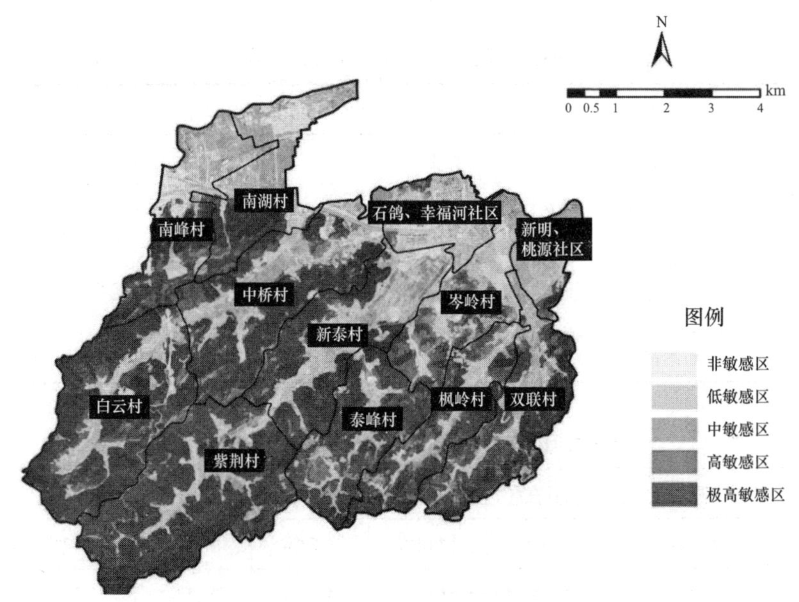

图 5-11 中泰街道生态敏感性评价分的区图

（3）生态适宜性评价与分析

由表 5-10 可知生态适宜性评价值在 1.3～5.0 之间的变化，取 1.3～1.6～2.3～3.0～3.7～5.0 区段为综合适宜度分级标准。其中，高适宜区所占面积比重达 33.62%，其主要分布在中泰街道北部平原以及中部两山之间的河谷地区，主要为现有居民点聚居区域及建筑用地，无自然植被。适宜区所占比重最低，仅占 6.14%，其一般坡度平缓，且交通便利，植被较差。较适宜区面积所占比例为6.47%，主要分布在山区村庄与山体交界处，其离道路交通较远，坡度高程适中，经一定的工程措施和环境补偿措施后也可作为建设用地使用。低适宜区面积所占比重为17.21%，主要为森林覆盖区域，以及引用水源及周边区域，主要分布于中泰街道的中部和南部的白云村、紫荆村、泰峰村等地，该村庄山地面积大，森林覆盖率较高，从生态学角度看不宜用于建设用地。不适宜用地面积所占比为36.56%，该区域植被景观优良，生态敏感性强，完全不适宜作为建设用地（表5-11，图5-12）。

中泰街道生态适宜性评价分区表　　表5-10

分区	生态适宜性评价值	所占比例（%）
不适宜区	1.3～1.6	36.56
低适宜区	1.6～2.3	17.21
较适宜区	2.3～3.0	6.47
适宜区	3.0～3.7	6.14
高适宜区	3.7～5.0	33.62

中泰街道各村（社区）生态适宜性评价分区表　　表5-11

村（社区）	不适宜区	低适宜区	较适宜区	适宜区	高适宜区
紫荆村	64.63%	17.65%	3.79%	3.91%	10.02%
新泰村	36.50%	11.34%	4.20%	9.65%	38.32%
泰峰村	51.41%	21.14%	8.94%	5.81%	12.70%
枫岭村	37.92%	24.57%	9.92%	7.13%	20.46%
双联村	27.12%	32.55%	9.64%	8.29%	22.41%
白云村	52.67%	21.00%	5.88%	4.78%	15.67%
中桥村	40.10%	16.46%	6.55%	7.95%	28.95%
南湖村	16.59%	11.51%	4.73%	1.41%	65.76%

续表

村（社区）	不适宜区	低适宜区	较适宜区	适宜区	高适宜区
南峰村	26.80%	15.25%	3.35%	3.88%	50.73%
岑岭村	4.71%	14.77%	15.82%	12.99%	51.72%
桃源、新明社区	0.00%	3.17%	4.36%	2.27%	90.20%
石鸽、幸福社区	0.00%	0.04%	2.37%	3.76%	93.83%

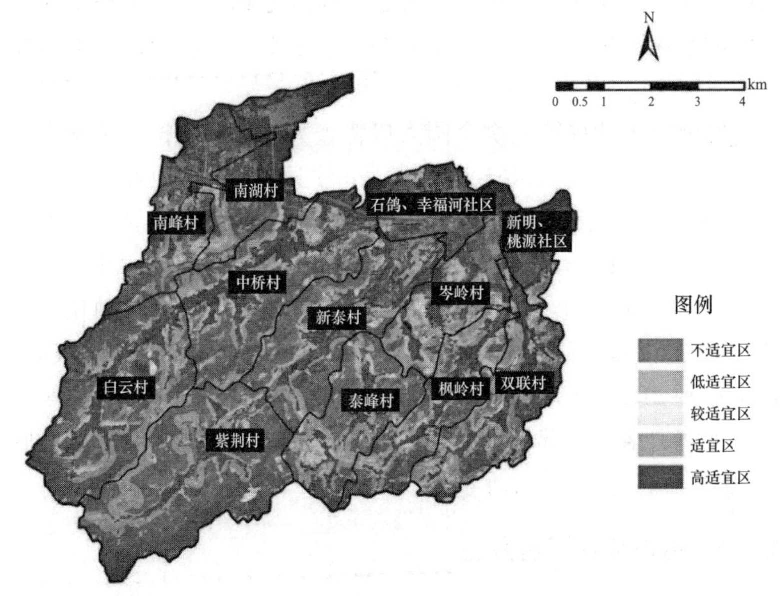

图 5-12　中泰街道生态适宜性评价分区图

5.3　长三角地区城市韧性评估与分析

5.3.1　研究区概况

长三角城市群地处长江中下游平原东部，区域内以太湖平原为主体，地势平坦开阔，间有丘陵山地。其中，平原地区海拔在 0～50 米之间，丘陵山地地区平均海拔为 200～400 米。长三角城市群主要为亚热带季风气候，夏季高温多雨，冬季温和少雨，雨热同期，年降水量在1000～1600毫米。在副热带高压和城市化效应的控制影响下，长三角城市群年均气温、年均最高和最低气温均呈现逐年增加的趋势，增温率春冬季高于夏季，导致春夏延长，秋冬缩短（张斯琦，2021），由此使得夏季台风、暴雨、伏旱等气候灾害造成更大的社会经济损失的几率增加。同时，长三角城市群地区河川纵横交错，湖泊星罗棋布，素有“水乡泽国”之称。然而，在大水年份，会成为上游水系泄洪走廊，易产生外洪内涝并发的水灾；枯水年份，由于上游水系来水少可能会造成干旱并加剧河湖水质恶化，加重水环境的污染。

据国家统计局第七次全国人口普查数据显示，长三角城市群27市常住人口共有17465.85万人，占全国总人口的12.1%，其中15个城市常住人口在500万人以上。2020年，长三角城市群平均城镇化率75.01%，高于全国平均水平11.12个百分点，其中超过70%的城市有17个，整体发展步伐较快，达到了高度城镇化的水平。据各省市政府报告及统计数据，2020年，长三角城市群GDP总量达到21.2万亿元，相当于2020年全国GDP总量的20.86%，其中上海、南京、苏州、无锡、南通、杭州、宁波和合肥8个城市GDP总量超过万亿水平。

5.3.2　城市韧性评估方法

在城市复杂适应系统中，城市系统功能和结构在环境变化带来的冲击压力影响下相互关联作用，推动城市系统的演进与发展，因而城市整体韧性需要综合灾害风险环境、功能韧性和结构韧性三个方面，其中灾害风险环境形成城市韧性冲击源，功能韧性和结构韧性二者交互协调构成城市韧性适应反馈机制。为此，在进行城市整体系统韧性评估时，需要考虑功能和结构子系统面对外部冲击压力时的相互作用影响和协调关联。

耦合协调度模型能够衡量两个及以上系统之间相互影响的协调关系，能够较为科学地衡量复合系统协调发展水平（翁钢民等，

2021；赵培红、李庆雯，2021）。因此，本文引入耦合协调度模型综合城市的功能和结构两个韧性子系统的协调发展水平，同时将压力冲击作为干扰参数，用以反映城市系统面临的各类不确定冲击风险，因此可用如下公式表示整体城市韧性：

$$C_j = \frac{\sqrt[2]{FR_j \times SR_j}}{(FR_j \times SR_j)/2} \tag{5-8}$$

$$G_j = \alpha \times FR_j + \beta \times SR_j \tag{5-9}$$

$$UR_j = \sqrt{C_j \times G_j} - \delta P_j \tag{5-10}$$

式中：FR_j、SR_j 分别表示城市 j 的功能韧性和结构韧性标准化后的评估结果；C_j 为城市 j 的耦合度，表示功能韧性和结构韧性相互配合的程度；G_j 为城市 j 的发展度，即城市系统的综合发展水平，α、β 为各维度系统对城市整体系统的影响系数，通常认定为 $\alpha + \beta = 1$，本文设定 $\alpha = \beta = 0.5$；P_j 为城市 j 的灾害风险压力；$\sqrt{C_j \times G_j}$ 表示功能韧性和结构韧性的协调度；δ 为调节参数；UR_j 为城市 j 的整体韧性系数。

5.3.3　城市韧性评估与分析

（1）城市灾害风险环境评估与分析

由图 5-13 可以看出，2011～2020 年长三角城市群各城市灾害风险环境存在着上下浮动变化，时空变化趋势上表现出明显的波动性和不确定性。

具体而言，时间演变上的波动性和不确定性是指城市系统的灾害风险压力并非呈现简单的递增或递减变化，而是在各类风险压力冲击下波动变化。其中，台州、舟山、绍兴、温州等城市呈现出明显的“峰值式”变化，年整体变化幅度均为 100% 左右，远高于其他城市的变化幅度。结合指标数据可以发现，出现这种峰值变化的主要原因是受到台风灾害的影响，如 2012 年的台风“海葵”影响台州、绍兴和杭州等城市，2015 年的强台风“灿鸿”登陆舟山，2018 年的强台风“温比亚”波及长三角大部分城市，使得该年城市群大部分城市灾害风险环境均有所上升，其中对上海的影响最为明显。2019 年的超强台风“利奇马”登陆台州，对浙江大部分城市造成严重破坏。由此说明，台风灾害是长三角城市群地区面临的主要灾害风险压力，是影响城市韧性的主要外在压力冲击。同时，通过图 5-13 也可以看出，各城市的灾害风险压力变化趋势并不具有同步性，上海、滁州、宁波等城市在 2011～2014 年间灾害风险压力处于上升状态，而南京、苏州、常州等则是在此期间有所下降；2019～2020 年，台州、舟山、湖州等城市的灾害风险环境处于下降状态，温州、金华、铜陵等城市则为上升状态。

空间演变上的复杂性和不确定性是指城市群无稳定的空间格局分布特征，各城市灾害风险环境差异性较大。例如，2011 年灾害风险压力较高的城市主要集中在北部安徽和江苏地区，南部浙江的大部分城市影响较小，长三角城市群灾害风险环境呈现“北高南低”的空间格局；而 2020 年呈现出“南高北低”的分布格局，温州、台州、金华、嘉兴等城市群南部城市灾害风险环境较大，而北部无锡、南通、常州等大部分城市受灾害风险影响较小（图 5-13）。

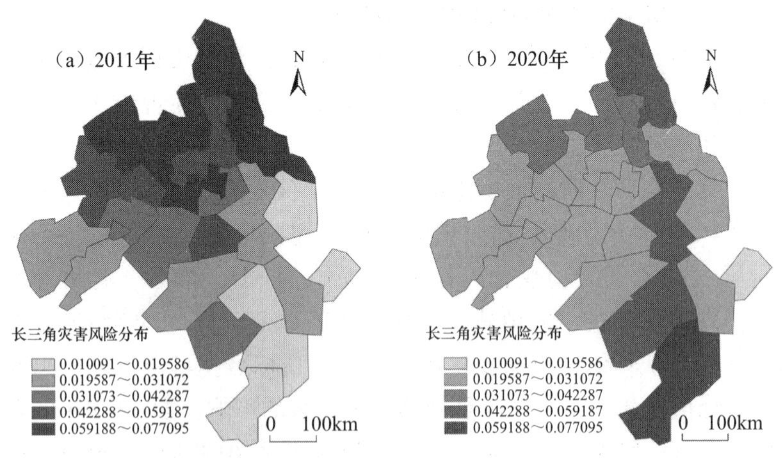

图 5-13 2011、2020 年长三角城市群各城市灾害风险环境空间分布示意图

产生上述变化的特征是各方因素复杂交互产生的结果，各城

市所处的地理环境不同，导致所面临的灾害风险因素也不同，如扬州、盐城、滁州等北部城市因纬度较高受低温冻害等灾害影响较大，沿海城市如台州、温州、舟山、杭州等城市则在台风登陆较多的年份灾害暴露性大，受台风直接影响以及由此带来的极端降水影响也更大。同时，随着城市建成区面积的不断扩大，工业生产使得工业废水和工业粉尘排放加剧，城市热岛效应也越明显，造成的高温天数也增多，正是在上述地理环境、城市建设环境等多方面因素交互作用的影响下，使得长三角城市群各城市灾害风险环境呈现出不规则波动变化性特征。

（2）城市功能韧性评估与分析

城市系统功能韧性由产业多样性和功能互补性组成，前者体现城市内部系统的内开放，后者体现了城市系统与城市系统间的外开放，两种开放运动共同作用决定了城市系统的功能韧性。因此，为更加深入了解长三角城市群城市系统功能韧性演变特征，需要对其多样性和互补性的变化特征进行分析。具体来说：

• 产业多样性

结合图 5-14 可以看出，2011～2020 年期间，长三角城市群各城市多样性水平在波动中缓慢上升。具体到城市而言，上海、南京、苏州、镇江、温州、嘉兴、湖州、马鞍山、铜陵等城市呈现出较高的增长趋势，其中，温州在整个城市群地区中增幅最大，从 2011 年的 0.728 到 2020 年的 0.845，增幅为 19%。南通、泰州、合肥、滁州 4 个城市相对于 2011 年，在 2020 年多样性水平出现明显的下降，其他城市则在起伏中缓慢增长。从整体水平来看，2011～2020 年期间，长三角城市群大部分城市多样性水平均在 0.7～0.9 之间，大部分城市产业构成所体现的功能多样性水平较高，表明大部分城市在应对冲击压力时跨部门和跨专业间的资源重新整合和配置的可能性也越高。其中，上海、南京、杭州 3 个城市在 2011～2020 年的十年间在整个城市群地区均保持高多样性水平，表明这 3 个城市群中心城市在产业结构和布局上较为合理，城市产业和产业所体现的功能具有较高的韧性。值得注意的是，苏州、无锡、南通、嘉兴和绍兴5个城市作为长三角地区除省会中心城市的“经济强市”，在多样性上却处于最低水平，主要原因是这些城市的生产制造功能显著，生产制造行业专业化程度较高，与之类似的城市还有宁波、常州、扬州等制造业程度高但多样性水平较弱的城市。与上述城市相反的是盐城和安徽大部分城市，这些城市表现出较高的多样化水平，各行业分工较为均匀，风险冲击在行业溢出的影响作用较小，但这些城市生产制造业相对于其他城市较为薄弱，使得这些城市在经济发展和综合建设水平上又落后于其他城市。

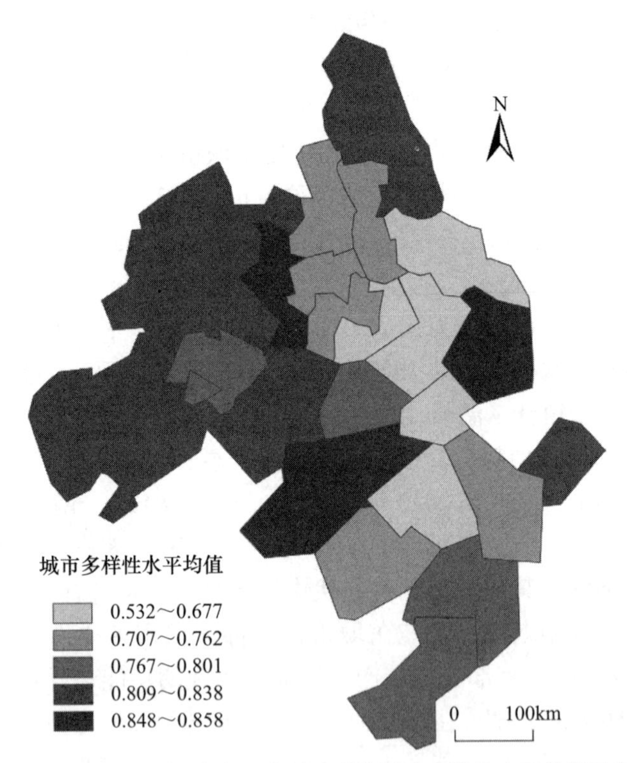

图 5-14　2011～2020 年长三角城市群各城市多样性水平均值示意图

总的来看，多样性在长三角城市群大部分城市表现出两面性，即多样性程度高的城市往往是城市群边缘经济发展水平较低的城市，而围绕地区中心城市（上海、南京、杭州）的核心组团城市（苏州、无锡、南通、嘉兴和绍兴等）却表现出低水平的多样性（图 5-15）。

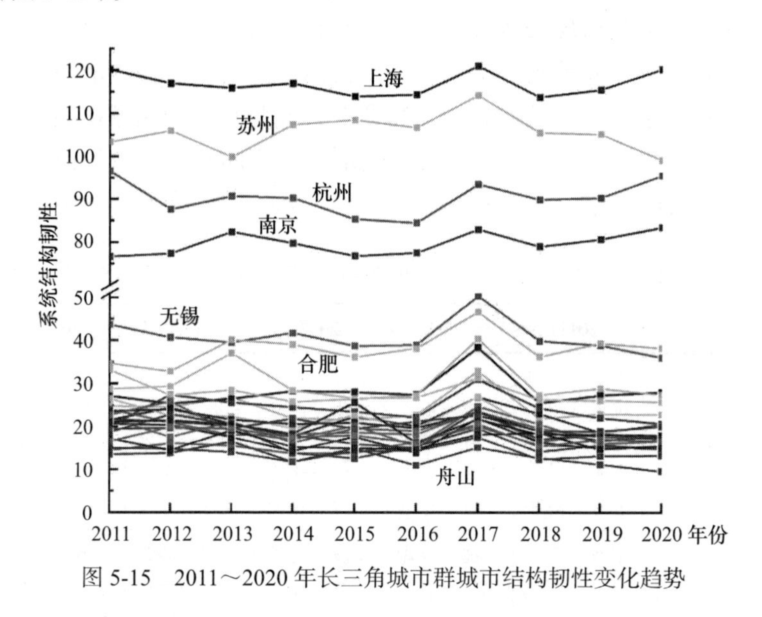

图 5-15　2011～2020 年长三角城市群城市结构韧性变化趋势

• 功能互补性

由图 5-14 可以看出，2011～2020 年，长三角城市群各城市的互补性指数表现出极为明显“两极化差异”。从整体互补性水平来看，上海、苏州、无锡、杭州等城市的互补性指数十年间，大部分在 0.1 以上，盐城、舟山、台州、铜陵、安庆、滁州、池州、宣城等城市十年间大部分均在 0.01 以下，其中，互补指数最高的上海与互补指数最低的池州在十年间差距均在 100 倍以上，2020 年更是达到 152 倍。从变化趋势来看，长三角城市群各城市在 2011～2020 年间存在着上下波动变化。具体而言，合肥、芜湖、宣城、扬州、泰州等城市在研究期内呈现出较为明显的增长趋势，互补指数增幅超过 30%，其中合肥增幅最大，为 55.7%；盐城、镇江、安庆以及浙江 9 个城市互补指数均呈现下降趋势，其中下降最大的为温州，整体下降幅度为 47.4%。出现这类趋势的原因主要是随着安徽大部分城市被纳入长三角城市群，受到城市群辐射带动作用，使得安徽大部分城市与其他长三角城市间产业联系不断加强，同时也分担承接了原本浙江与上海、江苏城市间的产业分工联系，由此出现安徽大部分城市互补指数增强，浙江大部分城市互补指数下降的趋势。同时，为具体了解城市群各城市间的互补联系，这里列出了2011～2020年长三角城市群两两城市间的互补指数，由于样本量过大，分别选取两城市间互补指数的前五名和后五名进行分析（表5-12）。

2011～2020年长三角城市群两两城市间互补指数前后五名　表5-12

	2011	2012	2013	2014	2015
前五名	上海－苏州 杭州－绍兴 上海－嘉兴 上海－无锡 上海－南通	上海－苏州 杭州－绍兴 上海－嘉兴 上海－无锡 上海－南通	上海－苏州 杭州－绍兴 上海－嘉兴 上海－无锡 上海－南通	上海－苏州 杭州－绍兴 上海－嘉兴 上海－无锡 上海－南通	上海－苏州 上海－南通 杭州－绍兴 上海－嘉兴 上海－无锡
后五名	宁波－芜湖 绍兴－铜陵 温州－铜陵 湖州－铜陵 舟山－合肥	宁波－芜湖 绍兴－铜陵 温州－铜陵 舟山－合肥 湖州－铜陵	宁波－芜湖 绍兴－铜陵 温州－铜陵 舟山－合肥 湖州－铜陵	宁波－芜湖 绍兴－铜陵 温州－铜陵 舟山－合肥 湖州－铜陵	宁波－芜湖 绍兴－铜陵 温州－铜陵 舟山－合肥 湖州－铜陵
	2016	2017	2018	2019	2020
前五名	上海－苏州 上海－南通 杭州－绍兴 上海－嘉兴 上海－无锡	上海－苏州 上海－南通 杭州－绍兴 上海－嘉兴 上海－无锡	上海－苏州 上海－南通 杭州－绍兴 上海－嘉兴 上海－无锡	上海－苏州 上海－南通 杭州－绍兴 上海－嘉兴 上海－无锡	上海－苏州 上海－南通 杭州－绍兴 上海－嘉兴 上海－无锡
后五名	宁波－芜湖 绍兴－铜陵 温州－铜陵 舟山－合肥 湖州－铜陵	宁波－芜湖 绍兴－铜陵 温州－铜陵 舟山－合肥 湖州－铜陵	宁波－芜湖 绍兴－铜陵 温州－铜陵 舟山－合肥 湖州－铜陵	宁波－芜湖 绍兴－铜陵 温州－铜陵 舟山－合肥 湖州－铜陵	宁波－芜湖 绍兴－铜陵 温州－铜陵 舟山－合肥 湖州－铜陵

据表5-12可以看出，2011～2020年，长三角两城市间互补性

强度前后五名较为稳定，互补指数整体变化幅度较小。在前五名中，上海分别与苏州、南通、嘉兴和无锡 4 个城市形成高互补性，杭州与绍兴构成另一组高互补联系城市，其中，上海与苏州之间的功能互补性最为显著，结合原始数据可发现其互补指数约为第二名（杭州 - 绍兴 / 上海 - 南通）的 3～4 倍。在后五位中，主要表现为浙江与安徽间的弱互补联系，其中安徽铜陵与其他城市的互补性最差，在后五组中占 3 组，并且在十年间未出现明显的增强趋势。虽然前文指出当前长三角城市群整体城市分工呈现出多中心格局，但是这种格局并未使得城市间的功能互补性得到加强，苏锡常地区和浙江嘉兴、绍兴等城市仍旧存在城市功能分工不明确、产业同构化现象，使得城市群功能协调难度大，这一点也是学界采用分工指数测度长三角城市功能的主流观点（王志勇等，2020；马燕坤，2016）。

从系统功能韧性角度来看，长三角大部分城市在面对风险冲击时造成部分节点城市功能失灵，使得这些城市难以获得其他城市功能的补充和代替，从而使得城市间的功能互补所体现冗余性能力较低，长三角城市群城市间的功能互补能力较弱。因此，未来应加强长三角城市群各城市应找准自身定位，明确各城市主要功能职能，加强城市间的分工协作。

（3）城市结构韧性评估与分析

以构建的长三角城市经济、交通、信息和创新多重联系网络为基础，在对联系强度数据进行矩阵二值化处理后，借助社会网络分析软件 Ucinet 对多重网络的度值、度分布、局部聚类系数和平均聚类系数进行测度，以此评估城市联系网络结构的层级性和聚集性以及城市结构韧性，根据整体和个体将测度结果分为两类：一类是表征长三角城市群各城市联系网络整体韧性特征的度分布和平均聚类系数（表 5-13）。

另一类则是由度值和局部聚类系数构成的表征长三角城市群单体城市的结构韧性（图 5-15）。根据图 5-15 可以看出，2011～2020 年间长三角城市群各城市的结构韧性水平差距明显，整体呈现“波动式变化”趋势。从整体韧性水平来看，上海、苏州、杭州和南京 4 个城市具有较高的结构韧性水平，其结构韧性水平在 2011～2020 年在长三角城市群中均处于“断层领先”水平。其中，苏州作为上海大都市圈的核心成员，与上海联系密切，受上海辐射作用明显，其结构韧性水平在城市群中仅次于上海；杭州和南京作为省会城市，是区域各类要素联系的核心枢纽，其结构韧性水平分别排在三、四位。其余城市除无锡在 2017 年结构韧性值超过 50 以外，大部分均在 10～30 之间，与城市群前四名城市存在“断层”差距，2020 年处于末位的舟山与上海更是相差 12.6 倍。2011～2020 年间，舟山的结构韧性水平在整个城市群中处最低，主要原因是舟山的地理位置决定，海岛城市与周边城市交通联系不便，使其要素联系和流动效率也要低于城市群其他城市，进而导致其结构韧性处于长三角城市群末位。

2011～2020 年长三角城市联系网络整体测度结果　　表 5-13

年份	层级性 − 度分布 |A|				集聚性 − 平均聚类系数 C			
	经济	交通	信息	创新	经济	交通	信息	创新
2011	0.535	0.579	0.547	0.313	0.548	0.579	0.581	0.436
2012	0.531	0.561	0.549	0.271	0.556	0.563	0.586	0.425
2013	0.517	0.547	0.593	0.296	0.560	0.557	0.583	0.432
2014	0.529	0.554	0.617	0.265	0.575	0.564	0.589	0.407
2015	0.531	0.563	0.638	0.333	0.573	0.568	0.595	0.443
2016	0.529	0.558	0.616	0.266	0.576	0.564	0.608	0.413
2017	0.526	0.588	0.351	0.272	0.569	0.562	0.486	0.423
2018	0.533	0.583	0.684	0.282	0.573	0.575	0.613	0.446
2019	0.534	0.585	0.641	0.278	0.578	0.589	0.621	0.426
2020	0.556	0.632	0.675	0.216	0.581	0.608	0.629	0.421

从变化幅度来看，城市群中有 19 个城市在 2020 年结构韧性

相对于2019年和2011年均出现下降，占比超过70%，下降幅度超过15%的有10个，其中舟山下降幅度最大，为36.6%。另外8个结构韧性上升的城市中仅有合肥达到10.3%，南京为8.9%，其余6个城市均在5%以下。根据相关原始数据推测，主要原因是受到2020年新冠疫情的影响，城市间经济联系、人员流通、信息传递和技术扩散等活动的传输效率有所降低，使得城市间的各类要素流动的连通性降低，进而影响城市系统的结构韧性。同时，值得注意的是，城市群27个城市在2016～2018年结构韧性变化一致，均呈现“先上升后下降”趋势，结合图5-16可发现，2017年各城市信息联系有明显的增强，城市间的联系强度更大、边数更多，由此使得城市度值在2017年时达到最大值。

同时，城市结构韧性由度值和局部聚类系数两个指标组成，两个指标的变化共同作用于城市结构韧性。具体来说：

（1）在度值特征上，2011～2020年，上海始终处于长三角城市群核心的地位，极化作用显著。南京、苏州、杭州等城市在不同联系网络中略有差异，但仍旧属于城市群联系网络核心组群成员，这些核心组群成员城市在对其他城市释放辐射能力，产生了更多的要素联系，因而具备较高的风险冲击应对能力；舟山、盐城、滁州、安庆、池州等城市群边缘城市在经济、交通和信息联系上度值较小，尽管在创新合作网络上度值相对较高，但这种高度值是建立在相对创新的基础上，这些城市的创新合作联系水平仍较低。从变化趋势上来看，除2017年各城市信息联系度值具有较大的上升变化外，其余年间变化幅度均保持在一个较为稳定的区间，整体变化幅度较小。

（2）在局部聚类系数上，2011～2020年间，长三角城市群各城市变化幅度很小，甚至在部分连续年份未产生变化，主要原因是这些年份城市邻居间联系边数未发生变化，仅是联系强度有所不同。同时，通过与度值进行比较可以发现，高度值的节点城市具有低聚类系数。对于高度值节点城市来说，其一般为枢纽节点，如上海、杭州、南京、苏州等，由于与其产生连接的较多低度值节点之间并未形成节点对关系，使得其邻节点对数量远小于理论值。因此，2011～2020 年间，长三角城市群中高度值节点城市均具有较低聚类系数。

（4）城市韧性综合评估与分析

根据构建的城市整体系统韧性评估模型，可计算得到 2011～2020 年长三角城市群各城市的韧性水平值（图 5-16）。

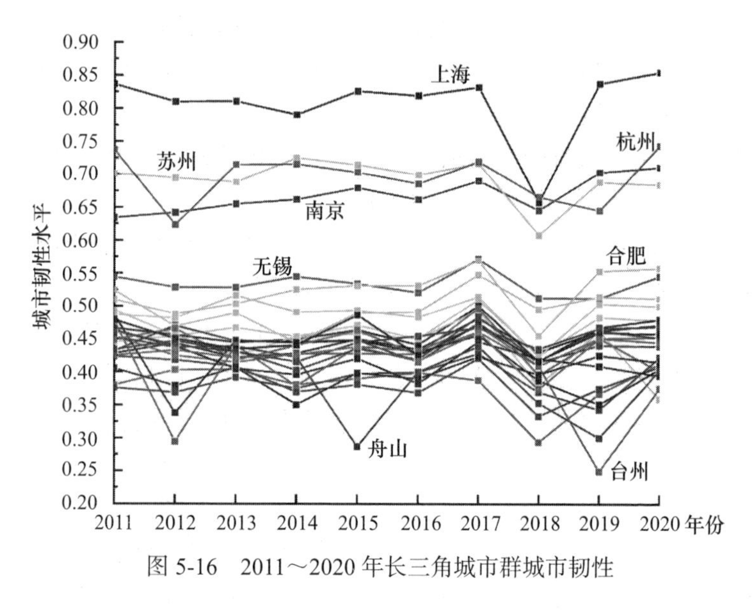

图 5-16　2011～2020 年长三角城市群城市韧性

结合图 5-16，从韧性水平来看，2011～2020 年间，上海的系统韧性水平在整个城市群中最高，除了 2018 年受台风“温比亚”的影响，韧性水平下降至南京和杭州的系统韧性水平接近外，其余年份均有着明显的领先优势。苏州、南京和杭州作为长三角城市群的主要中心城市，三个城市的系统韧性水平较为接近，在研究期限内呈现彼此交替领先的演变特征。舟山和台州两个城市受台风灾害影响较多，因此在台风年份其系统韧性水平往往处于城市群末位，其余城市的系统韧性水平大多在 0.4～0.5 区间段上下浮动变化。

为进一步分析 2011～2020 年长三角城市群城市韧性的时空

分异和演变特征，需要对长三角城市群各城市韧性水平进行等级划分，借鉴相关研究（肖翠仙，2021；施益军等，2021），本文采用自然间断点分级法（Jenks）划分城市韧性水平分布区间。根据测算得到的2011～2020年长三角城市群各城市韧性水平值，采用2015年的自然间断点分级为标准，以0.4325、0.4998和0.5934为临界值划分为4个等级，按照韧性大小依次为高韧性水平、中高韧性水平、中低韧性水平、低韧性水平。在此基础上，通过ArcGIS空间可视化功能以3年为界呈现长三角城市群城市韧性的空间格局图（图5-17）。

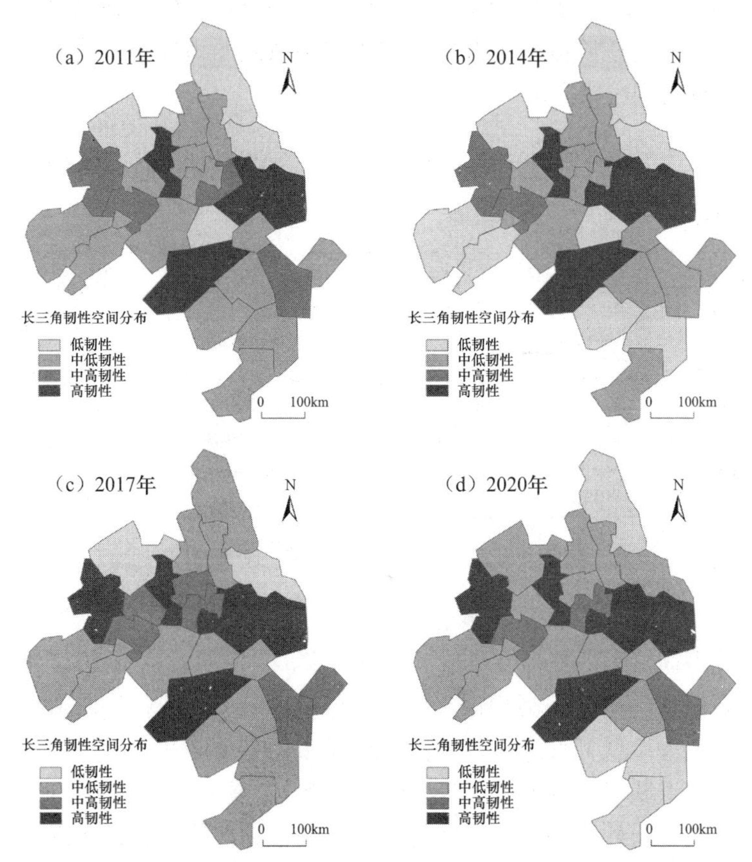

图5-17 2011～2020年长三角城市群城市韧性空间分布示意图

通过图 5-19 可以看出，2011 年，长三角城市群各城市韧性水平分布较为规律，高、中高和低韧性水平城市各占 4 个，其余城市为中低韧性水平，整体呈现出两头小中间大的“橄榄型”结构（图 5-18）。具体来看，高值区域集中在上海、苏州、南京和杭州 4 个经济发达的城市；中高韧性城市有无锡、宁波、合肥和芜湖 4 个城市，低韧性城市则以盐城、滁州、南通和湖州为主。2011 年是“十二五”开局之年，同时也是明确长三角城市群一体化发展建设的第二年，中心城市逐渐展示出其区域政治中心、经济中心和文化中心的优势作用，拉动城市群社会经济环境、产业分工协作和要素流动的发展和交互，各城市的功能和结构得到完善和发展。同时，该阶段城市群城市所受灾害风险压力较小，使得各城市韧性表现出较高水平。

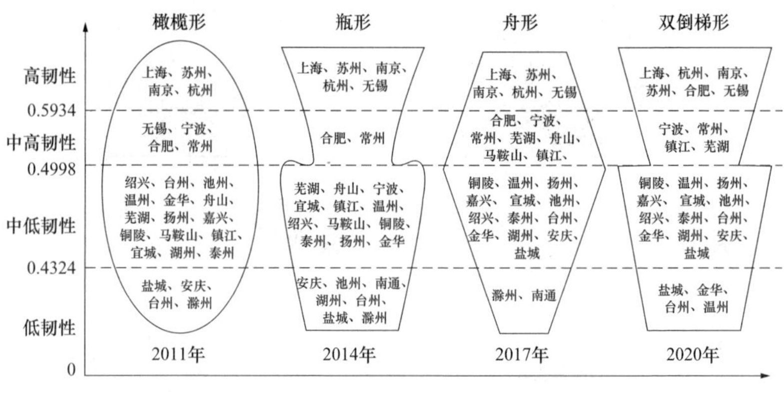

图 5-18　长三角城市群城市韧性等级结构

2014 年，长三角城市群城市韧性水平出现明显变化，城市群各城市韧性水平差异性显著。具体来看，此阶段无锡由 2011 年的中高韧性水平变为高韧性水平，高值城市变为 5 个；宁波由中高韧性变为中低韧性水平，中高韧性城市仅剩合肥和芜湖两市；低韧性水平城市基数扩大，新增台州、金华、池州和安庆 4 个城市，数量在十年间位列第二，使得城市群城市韧性等级数量呈现两头较大中间收紧的“瓶形”结构。此阶段正值“十二五”加快推进之年，无锡作为连接上海和南京的“中转站”，城市基础设施建设日益完善、社会经济得到较大发展，与苏州、常州等城市间产业分工协作水平进一步提高，城市韧性在功能和结构两个子系统不断耦合协调的基础上提升。同时，台州、金华、池州等城市尽管在社会经济、功能结构方面有一定发展，但因受台风“麦德姆”及其带来的强降水影响，城市面临的灾害风险压力增大，故而使得城市韧性水平下降。这也印证了城市作为一个复杂系统的机制，即某一主体的变化会引起整个系统变化甚至质变。

2017 年，长三角城市群城市韧性水平达到最佳。在该阶段，高韧性水平城市增至 6 个，合肥一跃成为高韧性城市，整体形成“一体两翼”高韧性空间格局，即以上海、苏州、无锡 3 个城市为主体，杭州、南京—合肥为两个翅翼；中高韧性城市有宁波、常州、镇江、舟山、芜湖、马鞍山 6 个城市；低韧性城市仅有南通和滁州两市，为研究期限内低韧性水平城市数量最少年份，各级韧性水平数量呈“舟形”分布结构。根据前文分析可知，这一阶段城市结构韧性增幅明显，以信息联系为代表的城市网络联系增强，进而推动了整体城市韧性水平的提升。同时，这也说明“舟形”结构是长三角城市群城市在研究时间段内最佳的韧性结构。

2020 年，长三角城市群各级城市韧性水平数量呈上多下少的“双倒梯形”分布，高韧性水平城市仍为“一体两翼”格局，中高韧性城市包括宁波、常州和芜湖三市，低韧性城市主要为城市群南北边缘城市，即南部金华、台州和温州以及北部盐城，其余 14 个城市均为中低韧性水平。值得注意的是，尽管从表 5-14 可发现金华、台州、温州和盐城这 4 个城市在经济发展水平上要领先于安徽大部分城市，但在城市系性水平上却低于安徽的城市，这表明城市韧性并非完全由城市经济发展水平、城市建设质量决定，而是在多方主体多个系统共同作用下决定，特别是城市发展面临的各类灾害风险环境，对城市韧性有着直接的影响。

因此，综合整体和时空演变特征来看，2011～2020 年，长三角城市群城市韧性在时间上呈现“波折式上升”趋势，在空间上主要表现为“一体两翼”高韧性空间格局，各等级城市韧性数量呈“橄榄型—瓶形—舟形—双倒梯形”的演变结构。

5.4 长三角地区城市经济韧性评估与分析

5.4.1 研究区概况

研究区域与5.3章节的实证研究区域相同，因此不再赘述。

5.4.2 城市经济韧性测度方法构建

按照经济要素的存在形式，城市经济发展的影响要素划分为传统要素和潜在要素，并依据其发展的动力来源，细分为外源动力因素和内生动力因素（Martin R and Gardiner B，2019）。传统要素以资本、劳动力为主要生产要素投入，包含产业结构、经济水平等产业因素，还包括外贸依存度、外资依存度、城市合作等连通性因素，以及资源禀赋、区位条件等自然地理因素；潜在要素以信息、知识、智力为主要生产要素投入，包含国际贸易形势、信息化和全球化等风险因素，还包含创新能力、制度环境等机遇要素。

从时序发展角度，城市经济韧性体现在风险扰动前、风险扰动中和风险扰动后三个阶段，其经济要素呈现出不同的韧性特征。在风险扰动前，城市利用其固有的产业相对多样化、产业相对专业化以及区域经济联系强度等韧性维度来抵御和预防冲击，合理的产业结构布局有助于经济韧性建设，在一定程度上可以降低不确定性风险扰动的发生率，涉及多尺度网络连通性、冗余度、多样化和协作性等韧性特征（图5-19）；在风险扰动中，城市通过及时调整产业结构，能够有效减轻风险扰动导致的商品制造成本升高而滞销以及工人失业引发的社会不稳定等负面影响，包括抗扰性和稳定性等韧性特征；在风险扰动后，城市韧性能够吸收外部冲击导致的消极作用，恢复程度由城市自身的扰动承载力决定，注重创新性、自学习能力和自组织能力等韧性特征（鲁钰雯等，

2020）。本文利用地区经济敏感度来综合评价风险扰动中和风险扰动后的经济韧性能力，当地区经济敏感度小于扰动破坏力时，城市经济韧性水平较低，相反则处于高水平，最终通过内部的自循环、自适应系统逆向推动经济韧性水平的提高。因此，通过产业相对多样化、产业相对专业化、区域经济联系强度和地区经济敏感度 4 个维度能够全过程地评估分析城市经济韧性。

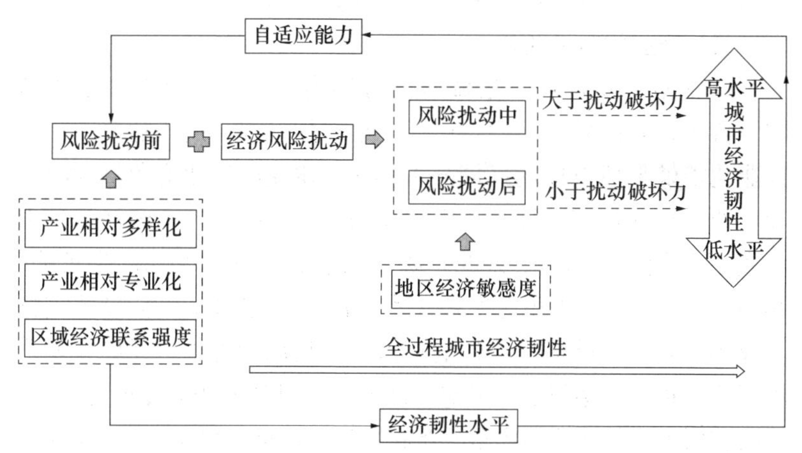

图 5-19　城市经济韧性作用机制模型

（图片来源：风险扰动下城市经济韧性多维测度与分析——以长三角地区为例）

（1）产业相对多样化

产业相对多样化指城市产业类型及数量的丰富程度，较高的多样化水平能推动互补产业间形成高冗余度的联系路径，弱化经济风险扰动的冲击影响、快速恢复系统功能，对区域一体化发展具有支撑作用（孙久文、孙翔宇，2017；Davies A and Tonts M，2010）。在城市发展前期，各产业呈现多元化、均衡化发展，随着城市经济水平的提高，不同企业相互接触接近时的产业交流和技术创新，能够带来更好的经济质量和城市经济韧性（Jacobs J，2016；蒋媛媛，2011）。参考前人的研究方法（Gemba K and Kodama F，2001；Duranton G and Puga D，2000；Aw B Y and Batra G，1988），该指标的度量通常采用多样化指数，其定义式如下：

$$DI_i = 1/\sum_j S_{ij}^2 \tag{5-11}$$

为了正规化，定义产业相对多样化指数：

$$RDI_i = 1/\sum_j |S_{ij} - S_j| \tag{5-12}$$

式中：S_{ij}为 i 城市在 j 行业的经济指标所占的份额，S_j 为地区内除了 i 城市的其他城市，在 j 行业的经济指标除以该地区整体的份额。若为 DI_i 为 1，则说明该城市为单一的产业结构；DI_i 的值越高，城市的产业相对多样化程度也随之增加。

（2）产业相对专业化

产业相对专业化是指城市以劳动力、产业、自然禀赋为基础，将存在着内外联系的生产部门集聚的过程。适当的产业相对专业化能够形成有序的区域分工协作、避免同质化竞争；同时主导产业对地区经济发展具有引领作用，可以提升城市经济竞争力和发展质量（林耿等，2020；陈良文、杨开忠，2006；朱英明，2006）。而城市产业相对专业化水平高于一定水平，会导致支柱产业单一化，影响城市韧性的抵御风险扰动的能力。目前主要采用区位熵指数（谢燮、杨开忠，2003）衡量产业相对专业化水平，该指数用于评估地区间要素分布和优势产业集聚程度。公式如下：

$$RZI_i = max_j \frac{S_{ij}/\sum_j S_{ij}}{\sum_i S_{ij}/\sum_i \sum_j S_{ij}} \tag{5-13}$$

式中：RZI_i 是城市 i 的专业化指数，也是该城市最大的区位熵值。S_{ij} 是 i 城市 j 行业的选取经济指标，$\sum_j S_{ij}$ 表示 i 城市所有行业的选取经济指标总和，$\sum_i S_{ij}$ 表示所有城市 j 行业的选取经济指标总和，$\sum_i \sum_j S_{ij}$ 表示所有城市全行业的选取经济指标总和。当 $RZI_i > 1$ 时，说明 i 城市的产业相对专业化水平相比周边城市具有优势；当 $RZI_i = 1$ 时，说明 i 城市与周边城市产业相对专业化水平相同；当 $RZI_i < 1$ 时，说明 i 城市具有劣势。

（3）区域经济联系强度

区域经济联系强度指的是城市间的经济吸引力，也用于衡量一定区域内经济紧密程度和联系程度（刘承良等，2007）。相互联系强度较高的城市容易实现跨区域合作和接受周边城市的经济带动，提高城市经济发展质量和区域融合程度，对城市经济韧性具有正向影响。在测度方法方面，目前学术界普遍的做法是采用空间相互作用的引力模型表征区域经济联系强度（苗长虹、王海江，2006；陈彦光、刘继生，2002；李国平等，2001；王德忠、庄仁兴，1996）。计算公式如下：

$$E=\sqrt{P_iV_i\times P_jV_j}/d^2 \tag{5-14}$$

式中：E 为 i 和 j 城市间经济相互作用强度；P_i、P_j 分别为 i 和 j 城市的非农业人口；V_i，V_j 分别为 i 和 j 城市的地区生产总产值；d 为 i 和 j 个城市间的距离。区域经济联系强度 E 值越高，则代表 2 个城市的经济联系越紧密，经济韧性越高，反之则越低。

（4）地区经济敏感度

地区经济敏感度反映的是城市受经济风险扰动的影响程度，由于各城市在区域中承担不同的产业分工和经济发展模式，经济韧性能力和经济发展质量有显著区别。从组成内容上看，地区经济敏感度由城市抵抗力和城市恢复力两部分组成：城市抵抗力能够代表城市经济结构和抵抗冲击的能力，即城市经济体系对风险扰动冲击后而引发的一系列损害的承受能力；城市恢复力包含风险扰动后城市的适应能力和恢复程度（Martin R and Gardiner B，2019；Martin R et al，2016）。依据研究城市 GDP 增速变化，采用“峰—峰”法将经济周期划分为城市经济收缩期和城市经济扩张期，分别测算城市的抵抗力和恢复力。计算公式如下：

$$\Delta O_r^{t+k\text{预期}}=\sum\nolimits_i O_{ir}^t\times g_N^{t+k} \tag{5-15}$$

式中：$\Delta O_r^{t+k\text{预期}}$表示城市 r 在抵抗期或恢复期［t，$t+k$］时期内预期的经济产出变化量；O_{ir}^t 表示城市 r 在 t 年 i 产业的经济产出；g_N^{t+k} 表示全国在［t，$t+k$］时期内的经济产出变化率。

城市抵抗力的计算公式为：

$$Res_r=\frac{(\Delta O_r^{\text{抵抗}})-(\Delta O_r^{\text{抵抗}})^{\text{预期}}}{|(\Delta O_r^{\text{抵抗}})^{\text{预期}}|} \tag{5-16}$$

式中：$\Delta O_r^{\text{抵抗}}$表示城市 r 在抵抗期内实际经济产出变化量，$\Delta O_r^{\text{抵抗预期}}$表示城市 r 在抵抗期内预期经济产出变化量。

城市恢复力的计算公式为：

$$Rec_r = \frac{(\Delta O_r^{恢复}) - (\Delta O_r^{恢复})^{预期}}{|(\Delta O_r^{恢复})^{预期}|} \tag{5-17}$$

式中：$\Delta O_r^{恢复}$表示城市 r 在恢复期内实际经济产出变化量，$\Delta O_r^{恢复预期}$表示城市 r 在恢复期内预期经济产出变化量。高抵抗力高恢复力的城市经济敏感度低，经济韧性高，反之则经济韧性低。

5.4.3 城市经济韧性评估与分析

（1）产业相对多样化评估与分析

从空间分布来看，长三角城市的 1997～2016 年指数的高值重心分布从东部城市向西部城市推移，最终整体呈现多高值城市均衡发展的空间趋势，主要原因在于中心及周边城市围绕自身优势进行产业布局和多样化的产业协作，相关产业间知识扩散和创新交流能够促进经济增长和市场一体化进程（图 5-20）。

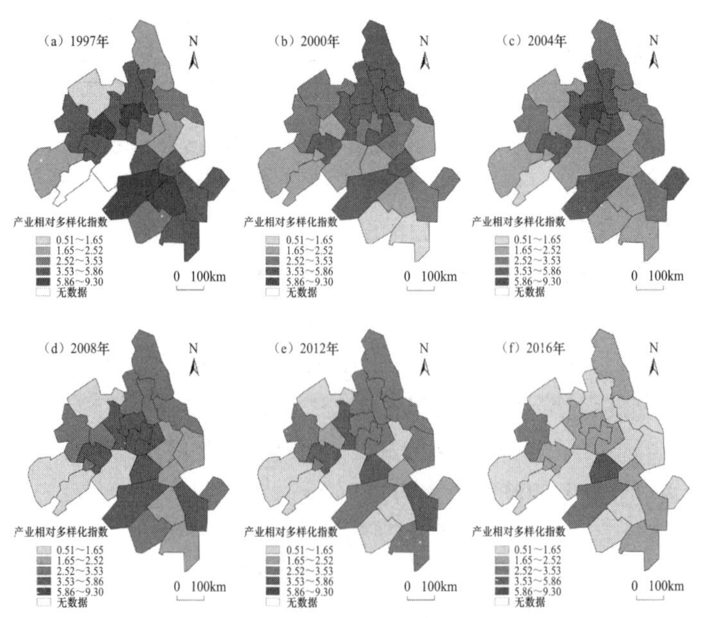

图 5-20 长三角城市产业相对多样化指数空间分布演变（1997～2016）
（图片来源：《风险扰动下城市经济韧性多维测度与分析——以长三角地区为例》）

从各年的指数分布具体来看，1997～2000 年，长三角地区呈现东、北部高，西部偏低的态势，高值集聚片区包括江苏北部的扬州、镇江等城市，浙江北部的杭州、嘉兴等城市以及上海。原因是亚洲金融危机后国内经济形势迅速回升，同时，国际贸易拉动中国东部沿海城市对外出口额快速增长。上海作为长三角地区乃至更大圈层范围的生产服务业中心，已经实现了制造业向生产服务业的转化；宁波、南通和盐城等沿海较发达城市的市场体系发育完善，指数呈现明显的向好态势。发展初期相对均衡的产业分布不利于实现高效市场分工和资源共享，转型升级的经济韧性能力也较低。2004～2012 年，长三角城市呈现中部、东部高，南、西部偏低的态势，高值集聚片区分别为江苏西部的镇江、南京等城市以及浙江北部的杭州、湖州等城市。一方面，早期东部区域的高污染、高耗能以及劳动密集型产业的规模化程度比较高，东部沿海城市的主导产业的影响力优先于多元产业发展，西部城市指数和整体区域技术经济联系不断增加，从而促进长三角城市统筹布局和韧性能力的提升。另一方面，2008 年，全球金融危机对国内市场经济的冲击导致外资从长三角地区逐步迁出，区域受经济风险影响程度由沿海向内陆递减。江苏的南通、苏州等城市通过低附加值加工贸易方式参与国际市场，整体进出口总额和实际利用外资额的年均值分别为 1489.173 亿美元和 67.98 亿美元，年增幅均远高于周边城市，城市经济遭受严重的经济风险扰动时出口贸易迅速下滑；而浙江西部的湖州、金华等城市依托内需拉动的制造业民营经济，受金融危机的影响程度也较小。2016 年，长三角城市产业相对多样化分布以地区省会城市为重心向周边城市辐射，高值集聚片区分别为浙江北部的杭州、湖州等城市，安徽中部的合肥、芜湖等城市以及江苏南部的南京、镇江等城市，加速推进产业集群内部的分工协作、知识共享。

（2）产业相对专业化评估与分析

从空间分布来看，长三角城市产业相对专业化指数的呈现出以南部城市向西北部城市的高值转移的发展趋势（图 5-21）。具体来看，1997～2008年，马鞍山、安庆、滁州等西部城市的专业化指数最高，扬州、盐城、南通等北部城市和绍兴、金华等南部城市次之，南京、镇江、常州等中部城市最低成为“洼地”。宁波、嘉兴、上海等东部城市的指数也比较低。2008～2016年，长三角东、西部城市的指数差距不断提高。镇江、湖州等中部城市和上海、嘉兴等东部城市之间的指数差距缩小，一体化发展提高了制造业规模和部分城市的经济发展趋同程度；而安庆、滁州、马鞍山等西部城市指数仍较高。这2个时期长三角城市空间格局存在较大差异，原因在于发展初期，资源、经济以及地理这三大因素对长三角城市产业具有决定性作用，但随着亚洲金融危机的冲击影响，中国适时调整贸易开放战略和区域经济政策，促进资金、技术、人才等要素的区域流动，有利于实现城市错位发展、形成互补互利的区域分工方式，韧性格局相对稳定；而西部城市作为长三角地区内主要产业的转移承接者，其经济发展水平和产业分工阶段仍处在较低水平，尤其在面临2次经济风险扰动风险，倾向进一步强化资源依赖型等传统低效能产业。2016年，马鞍山采掘业的产业相对专业化指数仍占长三角城市的68.57%，难以发挥创新、知识要素在区域联动的积极作用，影响经济韧性能力发展。

（3）区域经济联系强度评估与分析

长三角城市内部经济联系在空间上呈现出上升的趋势，强度整体不高，经济韧性水平有待进一步加强（图5-22）。上海、杭州等东部城市间的经济辐射能力较高，安庆、池州等位于经济网络边缘的中小城市，资金、市场一体化发展进程相对滞后，联系强度多处于中低水平。作为长三角地区内的经济联系中心，上海市在2008年与各城市联系总量占长三角联系总量的98.8%，到2016年占比虽有所下降，但仍对区域经济资源有着过高的集聚作用。上海在发展前期推动了城市经济韧性的发展，极化效应的增强和经济发展模式的固化，加剧了长三角城市应对经济风险扰动时的脆弱性和不确定性。

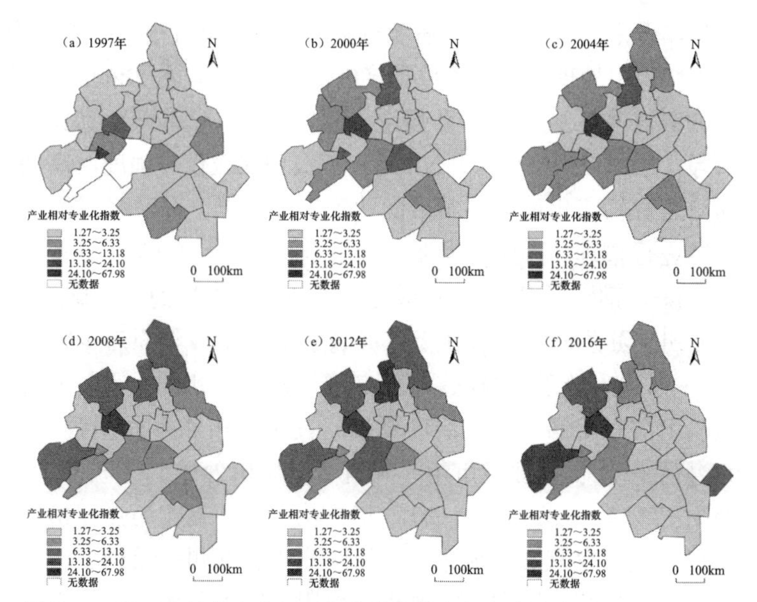

图 5-21　长三角城市产业相对专业化指数空间分布演变（1997～2016）
（图片来源：《风险扰动下城市经济韧性多维测度与分析——以长三角地区为例》）

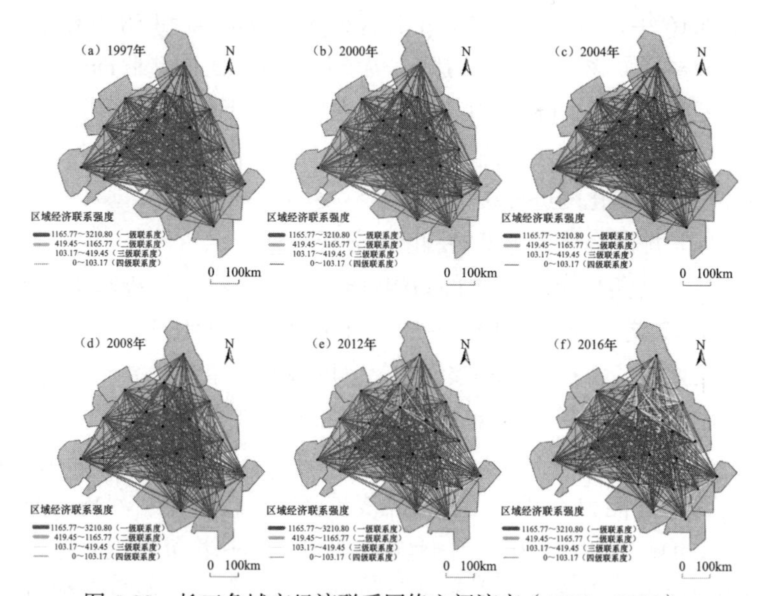

图 5-22　长三角城市经济联系网络空间演变（1997～2016）
（图片来源：《风险扰动下城市经济韧性多维测度与分析——以长三角地区为例》）

整体看来，城市间联系强度与城市组数量呈现出金字塔结构，并且该城市组地理空间距离也越接近（图 5-23）。本文依据自然间断点分级法将区域经济联系强度分成 4 级（吕擎峰等，2018；杨华阳等，2020；杨宗佶等，2017）：一级到四级代表强度由高到低排列，并对长三角地区各城市间达到三级及以上经济联系强度的城市组进行整理。其中，受亚洲金融危机冲击，1997 年有 1 组城市（上海—苏州）处于三级联系度；2000 年仅增加到 2 组城市（上海—苏州、苏州—无锡）处于三级联系度；2004 年只有 1 组城市（上海—苏州）处于二级联系度，3 组城市（苏州—无锡、上海—嘉兴、上海—无锡）为三级联系度，其余城市相互作用强度低；2008 年无一级联系度城市组，只有 2 组城市处于二级联系度，8 组处于三级联系度；2012～2016 年，城市间相互作用强度格局基本保持不变，仅有 2 组城市（上海—苏州、苏州—无锡）达到高经济联系度强度，城市之间的相互作用强度不断增加。核心城市上海、杭州、南京间联系紧密，不断优化经济产业结构和分工体系。2016 年，第三产业比重分别达 69.8%、60.9% 和 58.4%，而多数二级经济联系强度以上的城市仍依赖资源加工制造业进行合作，有一定的发展空间和潜力。三级联系度及以下的城市多由于区位偏远、行政层级低等因素，经济发展水平不高，融入长三角城市内部市场一体化的进程缓慢。

（4）地区经济敏感度的测度与分析

从长三角城市与全国的 GDP 增速对比来看，趋势基本一致。依据 GDP 增速变化将 1997～2007 年和 2007～2016 年分别划分为长三角城市经济扩张期和收缩期，测度城市整体及三次产业应对 2 次金融危机的恢复力和抵抗力（图 5-22～5-23）。

整体来看，长三角多数城市的城市抵抗力和恢复力小于 0，整体经济韧性能力不高。在城市经济扩张期，仅合肥、苏州、铜陵 3 个城市恢复力大于 0，原因是第二产业的迅速恢复发展；在城市经济收缩期，仅合肥和芜湖凭借较好的二三产业，城市抵抗力较高。长三角城市三次产业在经济抵抗期和恢复期均呈现出下滑趋势，二三产业的城市抵抗力和恢复力较低，是其经济韧性能力弱的主要原因。第一产业指数虽然较低，是因为长三角城市处于产业转型升级时期，第一产业资源向第二三产业持续转移，2016 年，三次产业增加值比例为 1.7：27.4：70.9，推动城市经济高质量发展。对比抵抗力、恢复力指数的绝对值，能够发现前者稍高于后者，表明长三角城市受经济风险扰动后的经济下行压力较大，即恢复期的长三角城市经济韧性较低。

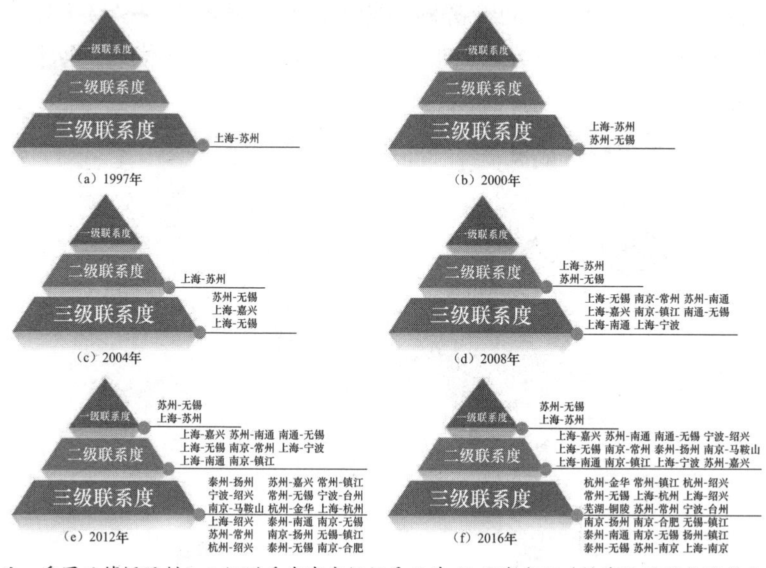

注：受图示篇幅限制，三级联系度城市组仅展示前 18 名城市组（排序按照联系强度由高至低）。

图 5-23　长三角城市经济联系强度分布金字塔图（1997～2016）
（图片来源：《风险扰动下城市经济韧性多维测度与分析——以长三角地区为例》）

从空间演变格局来看，在城市经济扩张期间，长三角地区城市恢复力呈现出以苏州、合肥为高值城市的发展格局，城市韧性发展较均衡（图 5-24）。这是由于 2000 年国家应对亚洲金融危机，实施积极的财政政策，刺激了市场经济的快速发展，长三角城市地区生产总值有较大提升。浙江的杭州、宁波等城市和江苏的南京、苏州等城市已具备完善的城市功能以及各产业的联动发展，积极承接上海的扩散效应，在区域分工中的地位和作用不断提高，同时，加快高新技术在城市高质量发展的推动作用，2007 年这些城市的企业科技投入分别达 400 亿元和 277 亿元，占总企业投入的 78% 和 79.7%；安徽的合肥、马鞍山等城市主动融入南京都市圈建设，迅速发展出一批成熟的资源依赖型和劳动力密集型乡镇产业和城乡私营企业，成为城市经济增长主要推手。上海市虽以高新产业为龙头，大规模发展新兴技术产业，经济总量居长三角地区首位，具有较高的经济韧性能力，却因其经济规模巨大、产业类型多样，产业升级转型难度高于周边地区，经济恢复周期长。

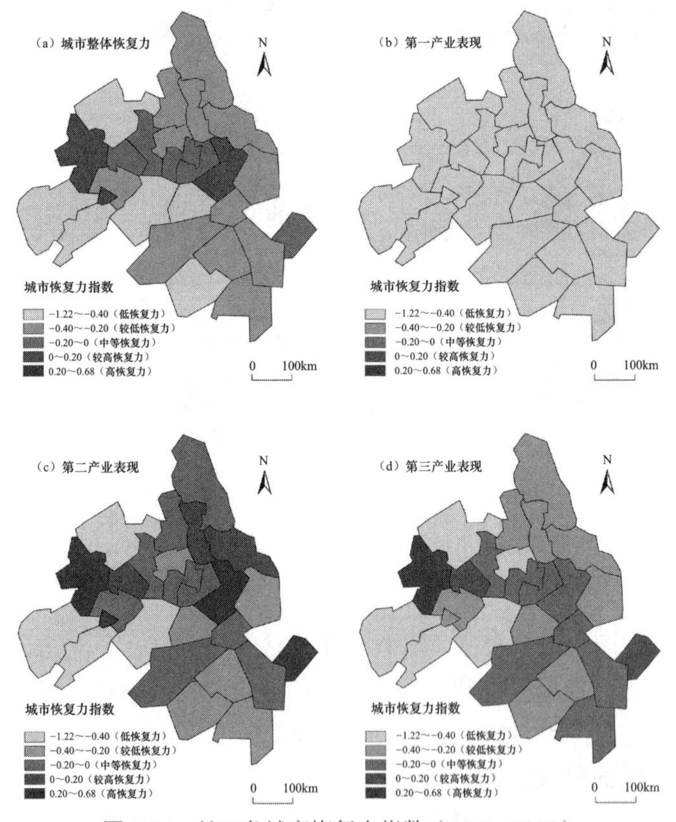

图 5-24　长三角城市恢复力指数（1997−2007）

（图片来源：《风险扰动下城市经济韧性多维测度与分析——以长三角地区为例》）

在城市经济收缩期间，城市抵抗力在空间上呈现出由东南向西北的递增趋势（图 5-25）。经济风险扰动时，金融危机通过贸易机制向长三角城市经济产生冲击影响，具体表现为国际市场的撤资和贸易量减少。据统计，2016 年，长三角城市劳动资源密集型和资源加工出口企业仍然超过 50%，出口商品附加值、经济增长质量和国际贸易竞争力有待提升，因而最先受到冲击的是舟山、宁波等东部沿海的外向型经济发达城市。其次，受地域、经济联系密切程度影响，无锡、湖州等外向型经济中等的城市的韧性能力也会一定程度上受系统风险的蔓延和间接影响，呈现出金融危机影响的滞后性。合肥、芜湖等长三角内部城市，依靠其丰富能源优势和较成熟的制造加工业，抵抗性呈现较高的态势，但存在产业类型重复、模式趋同的问题，城市分工合作机制需加强。

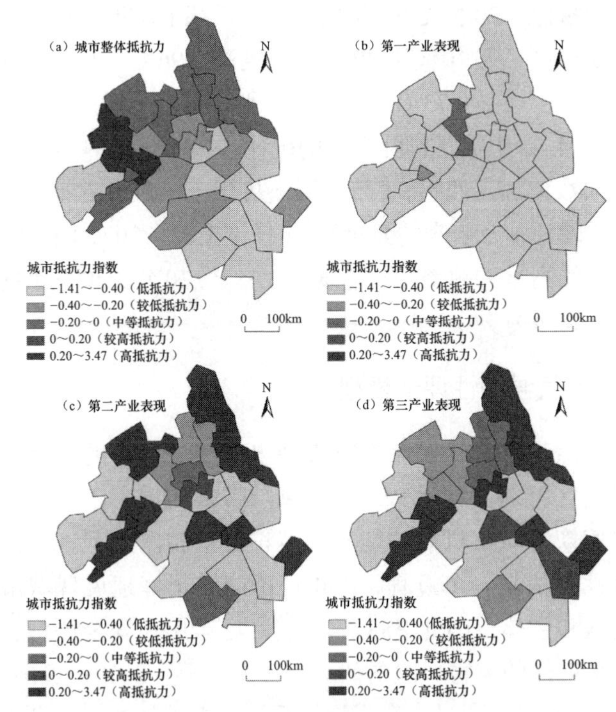

图 5-25　长三角城市抵抗力指数（2007–2016）

（图片来源：《风险扰动下城市经济韧性多维测度与分析——以长三角地区为例》）

5.5 长三角地区城市气候韧性评估与分析

5.5.1 研究区概况

研究区域与5.3章节的实证研究区域相同。长江三角洲是受到气候变化影响最显著的区域之一，受到地理和气象因素的影响，易涝、易洪的特征明显，梅雨、风暴潮、台风等灾害频发。2011年，长江中下游地区出现旱涝急转情况，安徽浙江两省有626.1万人受灾，直接损失96.4亿元。2013年，长三角地区大面积旱灾，安徽、浙江两省造成农业受灾面积达1476.8万亩。2019年，利奇玛台风在温州登陆，造成163亿元的经济损失。长江三角洲对气候变化较为敏感，20世纪80年代以来，长江下游地区在长江流域中增温幅度最高，90年代比40年代温度高0.96℃。其中上海增幅最快平均每十年增温0.73℃，其他城市平均每十年增温0.23℃（徐家良等，2004），根据《柳叶刀》的统计，1990～2019年间，中国高温死亡人数增加了四倍，《与“洪”共存——中国主要城市区域气候变化风险评估及未来情景预测》（任国玉等，2021）报告显示，长三角地区的高温天频率增长速度为1.3天/10年，给城市的供水供电带来巨大压力。

5.5.2 城市气候韧性评估模型

气候韧性是应对气候风险时表现出对气象灾害的抵御、适应能力以保证区域的正常运转，减少风险带来的损害，在灾害发生后能够快速恢复城市机能功能并保持正常运转的过程。考虑到城市气候韧性评估是一个过程，PSR理论能够很好地展现城市气候韧性的过程和主体，因此PSR理论被广泛运用在安全评价和以社会为主要承灾体的灾害风险的研究中（尹娟等，2012；王国萍等，2019）。该方法能够通过一套指标体系评价多种气象灾害带来的影响，并体现主要灾害的特征（牛彦合等，2022）。其中压力（P）

为气象灾害或人为因素对城市系统产生压力作用的因子，状态（S）用来表示城市本身的健康状态，响应（R）为应对气候风险采取的对策与措施（Martins J H et al，2012；程锐辉等，2019；焦柳丹等，2022；张明斗、冯晓青，2018；孙阳等，2017）。

在气候韧性评价中，压力代表气候变化带来的气候风险和气象灾害，通过致灾因子进行表示，致灾因子会对承灾体造成破坏，威胁城市正常运转。状态代表城市结构环境情况，是城市系统、结构、环境的结合体，保证城市的正常运转。同时，它也是灾害的主要受体，能够用承灾体表示。而城市结构环境会对自然生态产生影响增加致灾因子的破坏力，也增加了尝试防灾减灾系统的压力。防灾减灾能力是体现城市的应对气候风险的能力表现，防灾减灾能力能够提升承灾体抵御灾害的能力，减少经济损失和人员伤亡，同时削减孕灾环境对城市造成的不利影响（图 5-26）。

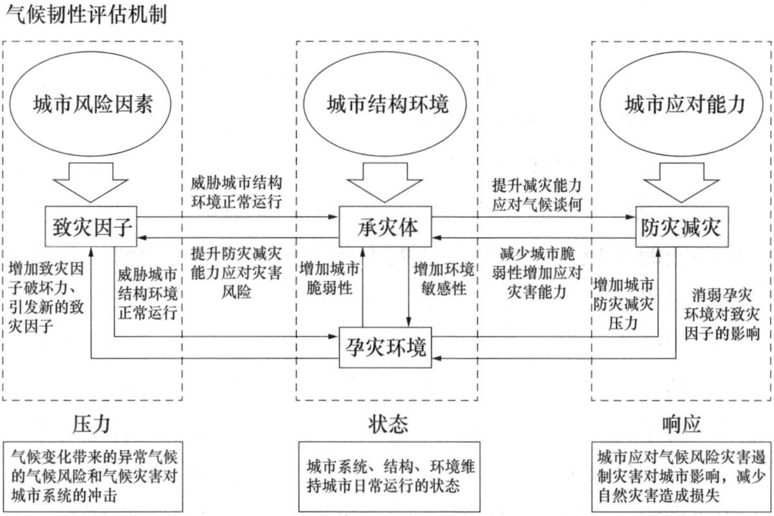

图 5-26　城市韧性 PSR 机理图

（图片来源：基于非线性模型城市气候评估及时空演变分析——长三角城市群为例）

（1）城市气候韧性评价指标体系构建

基于 PSR 理论分别从压力、状态和响应三个维度对城市气候韧性进行指标选择，压力包含致灾因子体现该区域的气候风险因素，状态包含承灾体和致灾因子，体现城市的结构环境，响应包含防灾减灾能力，体现城市应对灾害能力。致灾因子对应的二级指标为单日降水超过50毫米天数、温度超过35℃天数、温度低于0℃天数、年降水量和降水量距平百分比、最大风速超过6级风天数和二氧化硫浓度，这六个指标分别对应强降水、高温天气、低温天气、地区干旱、风暴和大气污染情况。承灾体对应二级指标为人口密度、人均道路面积、城市建成区面积和城镇化率。孕灾环境对应二级指标选择空气质量低于二级天天数和二氧化硫浓度来表示。减灾能力的二级指标从百度搜索指数、千人均病床数、居民失业参保人数、城镇家庭人均可支配收入和公用设施建设五个指标体现。

压力的致灾因子针对长三角地区的气象灾害情况较全面地展示了长三角地区面临的灾害风险类型，展示长三角造成灾害的主要气象灾害和严重程度。状态维度的承灾体和孕灾环境能够体现城市运行状态和城市面对气候风险时展现出来的脆弱性，例如城市的人口密度会加重城市的热岛效应，增加城市供水、供电的压力，人均道路面积是对城市交通冗余和通达性的体现，在灾害发生时能够快速疏散居民和运输救灾物资。建成区是对自然环境改造最彻底的区域，硬质铺装加剧了城市热岛效应。同时，高密度的建筑阻碍了城市内空气流动会加剧热岛效应加重空气污染，建成区面积越大，城市系统越复杂其城市受灾的面积越大，受灾人口也就越多。另外，乡村的基础设施、救援能力远不及城市，通过城镇化率能反映城市对居民基础设施、公共服务对居民的覆盖比例。孕灾环境易导致城市灾害的发生，城市发展对大气环境具有强烈影响，能够利用城市大气污染天数表示环境污染情况，并通过绿化率表示城市对生态的影响。响应维度的防灾减灾能力参考城市韧性评价，通过防灾意识、社会保障、可支配收入、市政设施建设、医疗水平等指标（张鹏等，2018；Jonas J et al，2014），尽可能覆盖城市的生态、经济、市政、工程、基础设施等多方面指标因子以保证结果的科学性。具体指标如表 5-14 所示：

长三角气候韧性评价指标　　表 5-14

指标维度	一级指标	二级指标（正向指标＋，负向指标－）	计算公式
压力（P）	致灾因子危险性	单日降水超过 50 毫米天数（天）－	/
		最低气温小于 0℃天数（天）－	/
		最高气温大于 35℃天数（天）－	/
		年降水量和降水量距平百分率（%）＋	$Pa=\frac{P-\bar{P}}{\bar{P}}\times100\%$ （1） $\bar{P}=\frac{1}{n}\sum_{i=1}^{n}Pi$ （2）
		最大风速超过 6 级风天数（天）－	/
		二氧化硫浓度（微克 / 立方米）－	/
状态（S）	承灾体脆弱性	人口密度（人 / 平方千米）－	$D=\frac{p}{a}$ （3）
		人均道路面积（平方米）＋	$M=\frac{r}{e}$ （4）
		城市建设成区面积（平方公里）－	/
		城镇化率（%）＋	$R=\frac{t}{e}$ （5）
	孕灾环境敏感性	空气质量低于二级天天数（天）－	/
		建成区绿化率（%）＋	$G=\frac{g}{d}$ （6）
响应（R）	减灾能力	百度搜索指数＋	$I=\frac{c}{f}\times100\%$ （7）
		千人均病床数（个）＋	$S=\frac{b}{a}\times100\%$ （8）
		居民失业参保人数（万人）＋	/
		城镇家庭人均可支配收入（元）＋	/
		市政公用设施建设（元）＋	/

（表格来源：基于非线性模型城市气候评估及时空演变分析——长三角城市群为例）

其中，Pa 为降水距平均百分率，P 为某时段净水量，$\bar{P}$ 为多年同期平均降水量，本标准采用 2011～2020 年十年间的气候平均值，其中 P_i 为时段 i 的降水量，n 为样本年份跨度，$n = 10$，D 为人口密度，p 为常住人口，a 为市域面积，M 为人均道路面积，r 为道路面积，e 为总人口数，R 为城镇化率，t 为城镇人口数量，G 为绿化率，g 为建成区绿地面积，d 为建成区面积，I 为百度指数，c 为比较器数值，f 为基期数值，S 为千人均床位数，b 为床位数。

（2）非线性评估模型

非线性模型是体现自变量和因变量之间关系的模型，由于无法在坐标系中表现出线性关系因而被称作为非线性模型。非线性模型分为推理模型和经验模型，推理模型主要通过数学方法建立评价模型，例如 Logistic 模型；经验模型因过于复杂的因变量关系或无法直接通过推导得到的数学关系，利用拟合手段建立的经验模型。针对非线性方程的求解，主要有变量变化、非线性回归和直接优化三种方式，变量变化即通过数学方式转化为接近的线性模型；非线性回归法通过最小二乘法令误差平方和最小直接求出公式结果；直接优化法是通过计算最小剩余平方和为优化目标函数寻求最优解。

非线性模型能够处理较为复杂和多维的数据通过非线性计算得到最优解，适合多维度模型的评估，本文采用的是基于黄崇福（黄崇福，2008）和钱龙霞（Qian，L et al，2016）构建的综合风险评估模型和水资源脆弱性模型理论构建的 S 型曲线的经验模型，利用直接最优化法对最小剩余平方和寻求各维度的最优解。

目前，针对多灾种风险的评价方法主要是通过线性手段通过叠加或耦合对气候风险进行评估，耦合能够较好地体现城市气候韧性与气象灾害两者之间的关系，但对于具体城市内部系统和灾害之间的联系体现不明显，多灾害评估需要考虑灾害之间的相互作用（王威等，2019）。因此，线性评价在针对多灾种风险的研究种通用性不足。叠加手段能够充分考虑城市各个因素、各种灾害之间的关系，适用于耦合作用不明显的多灾种评估（冯浩等，

2017）。目前，线性叠加的评估手段较为成熟，例如，加权综合法和模糊评价法。但线性评估具有一定的局限性，因为气候韧性评估无明显线性关系，运用线性手段会存一定误差（杨远，2009；樊运晓等，2003；樊运晓等，2001）。非线性评估相比于线性评估手段能够更好地体现多种气候风险之间的关系，部分学者使用非线性模型构建城市生态、脆弱性、风险性评价模型，其中包括分型理论（陈康宁等，2008）、模糊物元理论（邹君等，2007）、非线性模糊综合评价（钱龙霞等，2011）等。本文评估需充分考虑城市内部环境和外部风险的相互作用情况，因此选择非线性叠加手段对城市气候韧性进行评估。为了规避模型存在的主观性因素，采用微分方程构建气候韧性评估体系，保留数据特征，提高模型的科学性。

对标准化后的数据进行降维处理，尽可能保留向量的指标信息特征，同时让城市气候韧性与变量函数之间的关系变得简单。投影函数如下：

$$y(i)=\sum_{j=1}^{n}\omega_i x_{ij} \tag{5-18}$$

式中：$\{x_{ij}|i=1,2,3\cdots m;\ j=1,2,3\cdots n|\}$，$m$ 为标准化后的样本容量，n 为指标个数，$\omega=(\omega_1,\omega_2,\omega_3\cdots\omega_n)$ 为投影方向。

为了保证 ω 得到的向量为唯一解的最优向量，需要对增加约束条件，令 ω 向量之和为 1。构建最小化问题和遗传算法计算向量的最优投影方向得到城市气候韧性。如公式所示：

$$minQ(\omega)=-\frac{\sum_{i=1}^{m}[x(i)-\bar{x}]^2}{m-1} \tag{5-19}$$

$$s.t\sum_{j=1}^{n}\omega_j=1 \tag{5-20}$$

$minQ(\omega)$ 代入数据后公式最小值，m 为标准化后的样本容量；$x(i)$ 为样本容量中的对应 i 年的值，ω 为 i 年的数据平均值。

经过标准化处理之后通过公式（12）可以得到城市气候韧性，R 与 y 之间增减趋势相同，张晓慧等人（2005）认为评估函数应具有单调性和连续性。钱龙霞等人（2017）认为评估函数应当具有在拐点之前增长越来越快，到达拐点后增长越来越慢的特点。因此在综合风险评估的基础上，构建评价气候韧性的 S 型曲线公式：

$$R(y)=\begin{cases}0 & y<c\\ 2\left(\frac{y-c}{d-c}\right)^2 & c\leqslant y\leqslant\frac{c=d}{2}\\ 1-2\left(\frac{y-d}{d-c}\right)^2 & \frac{c+d}{2}\leqslant y<d\\ 1 & d<y\end{cases} \tag{5-21}$$

式中：y 为求得投影函数的值，c 为 y 求解的最小值，d 为 y 求解的最大值。

将数据带入函数 S 曲线中即可得到城市气候韧性 R 与投影变量 x 之间的非线性评估模型，代入目标因子数据计算得到长三角城市气候韧性评价。

5.5.3 城市韧性评估与分析

基于 PSR 理论的非线性模型评估结果如图 5-27 所示，长三角地区城市气候韧性评价中部分气候韧性较高的城市呈现明显的增长，所有城市在 2011～2014 年波动较为严重。2014 年，长三角地区城市气候韧性评价结果普遍出现下滑状态，对致灾因子进行分析时发现长三角地区在 2013 年长三角地区大部分城市遭遇了干旱天气，空气质量相比于 2013 年有大幅度提升，长三角地区的高温、低温天气相比于 2013 年普遍减少，这些现象表明致灾因子在 2013 年时对城市的冲击远高于 2014 年致灾因子对城市的影响，相比于城市气候韧性其他因子 2014 年说明城市气候韧性评价的主要维度来源于城市的状态以及响应能力，压力对城市的冲击具有滞后性，需要通过城市状态和响应能力体现。

根据气候韧性变化情况能够分为三个阶段，第一阶段为 2011～2014 年之间长三角地区城市气候韧性评价中普遍出现明显波动，2013 年大部分城市气候韧性达到第一阶段的最高水平。（2）2014～2017 年长三角地区城市处于高速增长状态，除了南京市受严重气象灾害影响有所波动，其他城市始终保持增长，这得益于大气环境的改善致灾因子的危险性普遍降低。（3）2017 年之后气候韧性评价较高的城市保持高速增长，评价气候韧性水平较低城市出现较明显的波动。说明面对灾害评价较高的城市能够很好地应对，其他城市应对灾害能力较差，气象灾害会导致其城市状态受到明显影响。

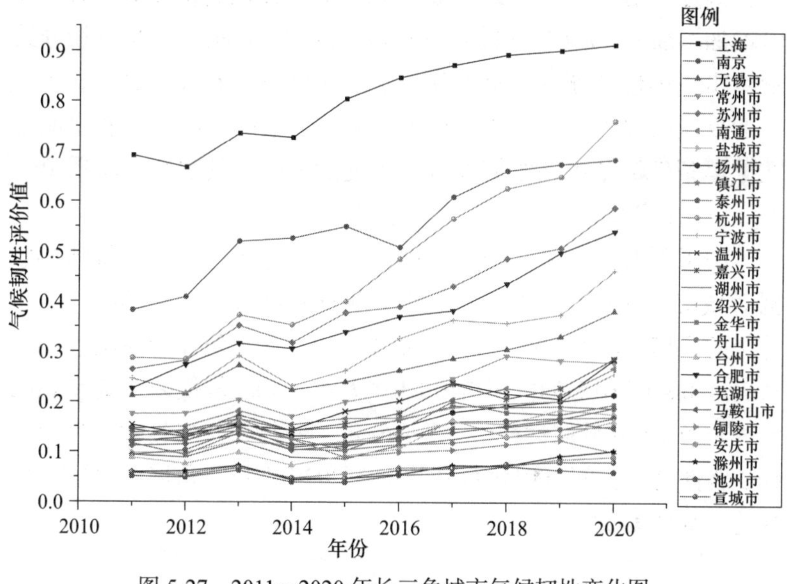

图 5-27　2011～2020 年长三角城市气候韧性变化图

（图片来源：《基于非线性模型城市气候评估及时空演变分析——长三角城市群为例》）

气候韧性评价较高城市气候韧性增长速度之间存在一定差距，杭州气候韧性增长速度最快达 167.9%，在 2011～2014 年间，所有城市气候韧性波动较为明显，根据城市承灾体数据分析发现城市这些城市普遍处于城市扩张状态，城市承灾体脆弱性都处于上升状态，2011 年和 2014 年的气象灾害主要为高温天气、干旱和大气污染，大气污染问题在长三角地区城市发展中较为普遍。其中，第二产业较高的城市污染情况较为严重，在 2014 年东部城市较快达到污染顶峰并快速下降，西部工业城市在 2016 年之后城市大气污染情况有所好转，城市大气环境得到较为有效的治理。另外，气候韧性评价高的城市居民的防灾意识和防灾水平逐年上升，医疗卫生、社会保障水平逐渐提升，其城市的应灾能力明显提升。

铜陵市在近十年间气候韧性出现明显降低，2013～2015 年，气候韧性评价降低 43.15%，其城市脆弱性随着城市扩张而降低，同时期应灾能力的基础设施、医疗设施建设跟不上城市的发展，并且铜陵市第一产业 GDP 占比逐渐上升，让铜陵市面对气候的风险增加，加上 2014 年之前长三角地区的大气污染和干旱灾情导致铜陵市气候韧性评价严重下降。其他评价较低的城市对于干旱灾害的反应较强烈，对应长三角地区的旱灾情况能够明显看出城市在干旱条件下城市气候韧性有大幅度的下降，其中部分城市第一产业占比达 6% 以上，受到旱灾的影响较强。

为了更清楚地表达城市气候韧性空间分布情况，将得到的数据对城市气候韧性等级进行分类，从低到高分为五个等级。第一等级的高韧性城为（$R > 0.8$），依次向下分别为较高韧性城市（$0.6 < R < 0.8$）、中等韧性城市（$0.4 < R < 0.6$）、较低韧性城市（$0.2 < R < 0.4$）和低韧性城市（$R < 0.2$）。将城市气候韧性结果通过 GIS 软件进行空间可视化得到 2011～2020 年长三角城市气候韧性变化，如图 5-28 所示。

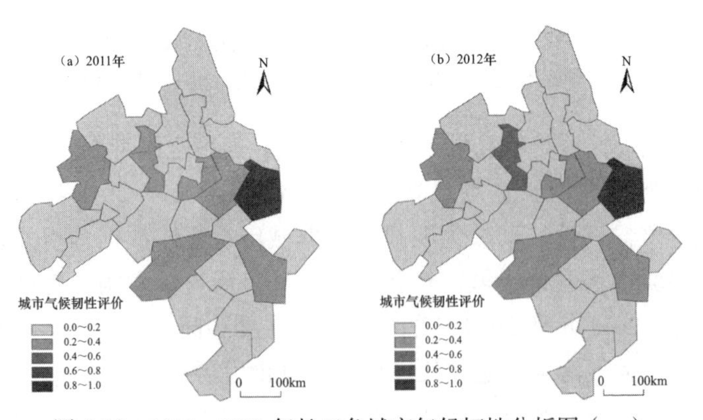

图 5-28　2011～2020 年长三角城市气候韧性分析图（一）
（图片来源：《基于非线性模型城市气候评估及时空演变分析——长三角城市群为例》）

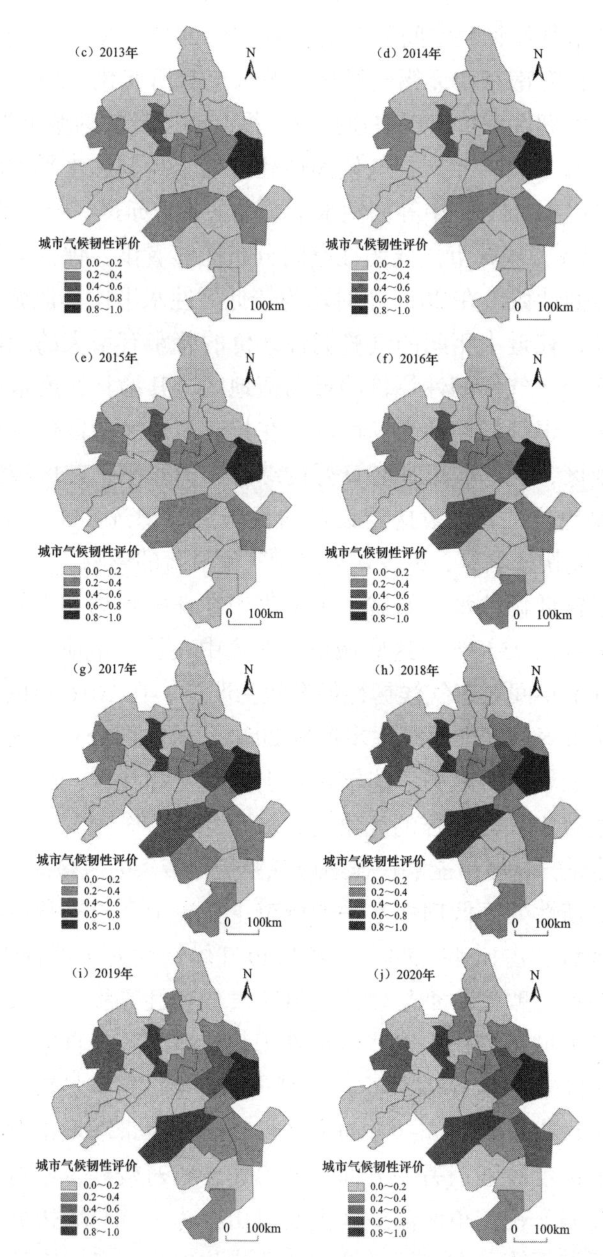

图 5-28　2011～2020 年长三角城市气候韧性分析图（二）

（图片来源：《基于非线性模型城市气候评估及时空演变分析——长三角城市群为例》）

从城市气候韧性空间分布情况看，在2011～2015年间并无太大波动，仅有南京和无锡气候韧性等级上有所变化，2016年之后的城市气候韧性评价出现快速提升，提升幅度较快的城市为杭州、南京和上海。2020年末，气候韧性评价处于高韧性水平和较高韧性水平占比11.11%；中等韧性水平城市主要为苏州、宁波和合肥，占比11.11%。从城市气候韧性空间分布能够看出，评价为高、较高和中等韧性城市在2011年时均为较低韧性水平比其他城市气候韧性要高，在近十年间的气候韧性评价的差距有增大的趋势，而上海始终处于气候韧性评价的最高值地区，其增长速度依旧保持较高水平。中等韧性到高韧性城市在长三角地区的区位主要集中在东部地区，这些城市拥有良好的综合实力水平，在区域经济中有着重要地位，基础设施建设和居民防灾意识远高于其他城市，面对灾害能快速响应，减少城市受到气候风险的影响。

处于较低韧性水平的城市主要集中在环杭州湾和南京－上海之间，总占比25.93%。这些城市主要集中在长三角地区沿江沿海城市，近十年间城市气候韧性提升较为明显。在2016年以后，上海周边城市气候韧性等级逐步形成2020年的空间分布，这些城市受到上海的辐射力较强，能够承接上海产业和技术，航运优势令其在产业链中具有较强的竞争力，城市经济、医疗卫生、基础设施快速建设，让城市能够快速适应气候变化带来的风险。

气候韧性处于低韧性水平的城市主要集中在长三角西部地区和南部区域，占比48.15%。这些城市气候韧性处于低韧性水平，气候韧性提升幅度小不足以改变城市气候韧性等级。与较低韧性的长江流域城市相比，这些城市处于长江泄洪区，自中华人民共和国成立以来泄洪16次严重影响城市的发展。这些城市市区普遍面积较小且靠近长江，一方面依赖长江航运业带动城市发展，对长江的依赖度较强；另一方面，城市建设相对较差，应对气候风险能力较弱。长三角南部地区主要以山区为主，与周边城市的交通运输不够便捷，在区域经济中竞争优势较小。舟山市地理因素较为特殊，受到地理因素影响很难形成较产业集群，对产业发展有较大制约，目前主要产业为渔业受到气象灾害的影响较严重。

参考文献

[1] Aw B Y, Batra G. Firm size and the pattern of diversification [J]. International Journal of Industrial Organization, 1998, 16(3): 313-331.

[2] Chen, W.; Zhai, G.; Fan, C.; Jin, W.; Xie, Y. A planning framework based on system theory and GIS for urban emergency shelter system: A case of Guangzhou, China. Hum. Ecol. Risk Assess. Int. J. 2016, 23, 441-456.

[3] Davies A, Tonts M. Economic diversity and regional socioeconomic performance: An empirical analysis of the Western Australian grain belt [J]. Geographical Research, 2010, 48(3): 223-234.

[4] Duranton G, Puga D. Diversity and specialisation in cities: Why, where and when does it matter? [J]. Urban studies, 2000, 37(3): 533-555.

[5] Gemba K, Kodama F. Diversification dynamics of theJapanese industry [J]. Research Policy, 2001, 30(8): 1165-1184.

[6] Jacobs J. The economy of cities [M]. London, UK: Vintage, 2016.

[7] Jonas J, Rajib S, Yukiko T, et al. The adoption of a climate disaster resilience index in Chennai, India [J]. Disasters, 2014, 38(3): 540-561.

[8] Martin R, Gardiner B. The resilience of cities to economic shocks: A tale of four recessions (and the challenge of Brexit) [J]. Papers in Regional Science, 2019, 98(4): 1801-1832.

[9] Martin R, Sunley P, Gardiner B, et al. How regions react to recessions: Resilience and the role of economic structure [J]. Regional Studies, 2016, 50(4): 561-585.

[10] Martins J H, Camanho A S, Gaspar M B.A review of the application of driving forces–Pressure–State–Impact–Response framework to fisheries management [J]. Ocean & Coastal Management, 2012, 69: 273-281.

[11] Qian, L., Zhang, R., Hong, M. et al. A new multiple integral model for water shortage risk assessment and its application in Beijing, China. Nat Hazards 80, 43–67(2016).

[12] Shenzhen Statistics Bureau. Shenzhen Statistical Yearbook; China Statistics Press: Beijing, China, 2018.

[13] 陈良文，杨开忠. 地区专业化、产业集中与经济集聚：对我国制造业的实证分析［J］. 经济地理，2006，26（S1）：72-75.

[14] 陈康宁，董增川，崔志清．基于分形理论的区域水资源系统脆 [14] 66 工程科学与技术 第 49 卷弱性评价 [J]．水资源保护，2008，24（03）：24-27.

[15] 陈彦光，刘继生．基于引力模型的城市空间互相关和功率谱分析：引力模型的理论证明、函数推广及应用实例 [J]．地理 研 究，2002，21（06）：742-752.

[16] 程锐辉，范群杰，汪昱昆，等．基于 PSR 模型的上海地区河网脆弱性探讨 [J]．华东师范大学学报（自然科学版），2019（03）：144-154.

[17] 杜文瑄，施益军，徐丽华，翟国方，陈伟，陆张维．风险扰动下的城市经济韧性多维测度与分析——以长三角地区为例 [J]．地理科学进展，2022，41（06）：956-971.

[18] 樊运晓，高朋会，王红娟．模糊综合评判区域承灾体脆弱性的理论模型 [J]．灾害学，2003（03）：22-25.

[19] 樊运晓，罗云，陈庆寿．区域承灾体脆弱性综合评价指标权重的确定 [J]．灾害学，2001（01）：86-88.

[20] 冯浩，张方，戴慎志．综合防灾规划灾害风险评估方法体系研究 [J]．现代城市研究，2017（08）：93-98.

[21] 黄崇福．综合风险评估的一个基本模式 [J]．应用基础与工程科学学报，2008（03）：371-381.

[22] 蒋媛媛．中国地区专业化促进经济增长的实证研究：1990—2007 年 [J]．数量经济技术经济研究，2011，28（10）：3-20.

[23] 焦柳丹，邓佳丽，吴雅，霍小森．基于 PSR ＋云模型的城市韧性水平评价研究 [J]．生态经济，2022，38（05）：114-120.

[24] 李国平，王立明，杨开忠．深圳与珠江三角洲区域经济联系的测度与分析 [J]．经济地理，2001，21（01）：33-37.

[25] 林耿，徐昕，杨帆．佛山市产业专业化、多样化与经济韧性的关系研究 [J]．地理科学，2020，40（09）：1493-1504.

[26] 刘承良，丁明军，张贞冰，等．武汉都市圈城际联系通达性的测度与分析 [J]．地理科学进展，2007，26（06）：96-108.

[27] 鲁钰雯，翟国方，施益军，等．荷兰空间规划中的韧性理念及其启示 [J]．国际城市规划，2020，35（01）：102-110，117.

[28] 吕擎峰，王庆栋，王生新，等．基于 GIS 和层次分析法的冲积扇油气管道段坡面侵蚀性评价 [J]．中国地质灾害与防治学报，2018，29（01）：119-124.

[29] 马燕坤．城市群功能空间分工形成的演化模型与实证分析 [J]．经济管

理，2016，38（12）：31-46.
[30] 苗长虹，王海江. 河南省城市的经济联系方向与强度：兼论中原城市群的形成与对外联系［J］. 地理研究，2006，25（02）：222-232.
[31] 牛彦合，焦胜，操婷婷，夏保林，冯永杰. 基于PSR模型的城市多灾种风险评估及规划响应［J］. 城市发展研究，2022，29（04）：39-48.
[32] 钱龙霞，王红瑞，蒋国荣，等. 基于Logistic回归和NFCA的水资源供需风险分析模型及其应用［J］. 自然资源学报，2011，26（12）：2039-2049.
[33] 钱龙霞，王红瑞，张韧，汪杨骏. 基于降维思想的水资源脆弱性非线性评估模型及其应用［J］. 工程科学与技术，2017，49（03）：60-67.
[34] 任国玉，任玉玉等. 与“洪”共存——中国主要城市区域气候变化风险评估及未来情景预测［R］. 绿色和平，2021.
[35] 施益军，翟国方，鲁钰雯，等. 中国城镇化规模与质量的协调发展水平测度与分析［J］. 地域研究与开发，2021，40（06）：12-18.
[36] 孙久文，孙翔宇. 区域经济韧性研究进展和在中国应用的探索［J］. 经济地理，2017，37（10）：1-9.
[37] 孙阳，张落成，姚士谋. 基于社会生态系统视角的长三角地级城市韧性度评价［J］. 中国人口·资源与环境，2017（08）：151-158.
[38] 王德忠，庄仁兴. 区域经济联系定量分析初探：以上海与苏锡常地区经济联系为例［J］. 地理科学，1996，16（01）：51-57.
[39] 王国萍，闵庆文，丁陆彬，何思源，李禾尧，焦雯珺. 基于PSR模型的国家公园综合灾害风险评估指标体系构建［J］. 生态学报，2019，39（22）：8232-8244.
[40] 王威，夏陈红，马东辉，苏经宇. 耦合激励机制下多灾种综合风险评估方法［J］. 中国安全科学学报，2019，29（03）：161-167. DOI：10.16265.
[41] 王志勇，叶祥松，林仲豪. 城市间功能互补测度研究——以三大城市群为例［J］. 南通大学学报（社会科学版），2020，36（02）：125-131.
[42] 翁钢民，唐亦博，潘越，等. 京津冀旅游—生态—城镇化耦合协调的时空演进与空间差异［J］. 经济地理，2021，41（12）：196-204.
[43] 肖翠仙. 中国城市韧性综合评价研究［D］. 南昌：江西财经大学，2021.
[44] 谢燮，杨开忠. 中国城市的多样化与专业化特征［J］. 软科学，2003，4（01）：10-13，33.
[45] 徐家良，柯晓新，周伟东. 长江三角洲城市地区气候变化及其影响［C］. //

首届长三角气象科技论坛论文集，2004：268-277.
［46］杨华阳，许向宁，杨鸿发．基于证据权法的九寨沟地震滑坡危险性评价［J］．中国地质灾害与防治学报，2020，31（03）：20-29.
［47］杨远．城市地下空间多灾种危险性模糊综合评价［J］．科协论坛（下半月），2009（05）：145.
［48］杨宗佶，丁朋朋，乔建平等．输电线路地质灾害易损性评价：以四川路茂线为例［J］．中国地质灾害与防治学报，2017，28（04）：113-118，124.
［49］尹娟，邱道持，潘娟．基于PSR模型的小城镇用地生态安全评价——以潼南县22个小城镇为例［J］．西南师范大学学报（自然科学版），2012，37（02）：126-130．DOI：10.13718.
［50］张明斗，冯晓青．中国城市韧性度综合评价［J］．城市问题，2018（10）：27-36.
［51］张鹏，于伟，张延伟．山东省城市韧性的时空分异及其影响因素［J］．城市问题，2018（09）：27-34.
［52］张斯琦．长三角城市群“三生”空间定量识别与时空演变特征研究［D］．徐州：中国矿业大学，2021.
［53］张晓慧，冯英浚．一种非线性模糊综合评价模型［J］．系统工程理论与实践，2005（10）：54-59.
［54］赵培红，李庆雯．沿海城市“港口——产业——城市”协调发展研究——以河北省为例［J］．城市发展研究，2021，28（09）：37-41＋48.
［55］朱英明．产业空间结构与地区增长研究：基于长江三角洲城市群制造业的研究［J］．经济地理，2006，26（03）：387-390.
［56］邹君，杨玉蓉，谢小立．地表水资源脆弱性：概念、内涵及定量评价［J］．水土保持通报，2007，27（02）：132-135.

第六章　中国韧性城市提升对策与规划响应

党的十九大报告中明确提出了“树立安全发展理念，弘扬生命至上、安全第一的思想，健全公共安全体系，完善安全生产责任制，坚决遏制重特大安全事故，提升防灾减灾救灾能力”。在灾害频发和城镇化的快速发展背景下，必须加快增强面向灾害抵御的城市空间韧性的各项研究。在缓解灾害风险研究方法上，城市研究领域的主流观点是通过特殊规划和公共安全规划来实现防灾减灾，强调基础安全设施的重要性。例如，在我国既往的城乡规划中，有关地震、洪水、火灾等的防灾减灾规划、抗震规划、防洪规划及消防专项规划等内容历来是规划的重要内容之一，并且空间规划和布局直接相关。然而传统刚性的抵御措施并未考虑城市系统自身的韧性和适应性，且缺少长时间尺度上的应对措施（翟国方等，2022）。随着韧性及城市韧性研究逐渐受到重视，韧性理念提供了一种指导城市健康有序发展的新思路（施益军，岳文泽，2022；Shi et al.，2021）。然而，目前韧性与已有城市规划还未有效融合，如何衔接韧性规划与现有规划体系，还缺乏较为详细的阐述。

6.1　强化规划与评估对韧性城市建设的引领

6.1.1　韧性城市理念与现行各类规划融合

韧性城市规划是保障城市安全的源头，是韧性城市建设的重要引领。杭州韧性城市规划要以灾害风险评估为基础，根据风险评价结果，对韧性城市建设提出合理建议，使城市的防灾减灾能力得到最大程度提升。通过将韧性城市规划纳入到国土空间规划体系当中，将韧性城市理念的内涵、目标、指标体系等融入国土空间规划及相关专项规划中（图 6-1），更好地提升城市防灾能力，实现城市韧性的目标（施益军、岳文泽，2022）。同时，通过完善相应法律法规，保障韧性城市规划的实施和落地。

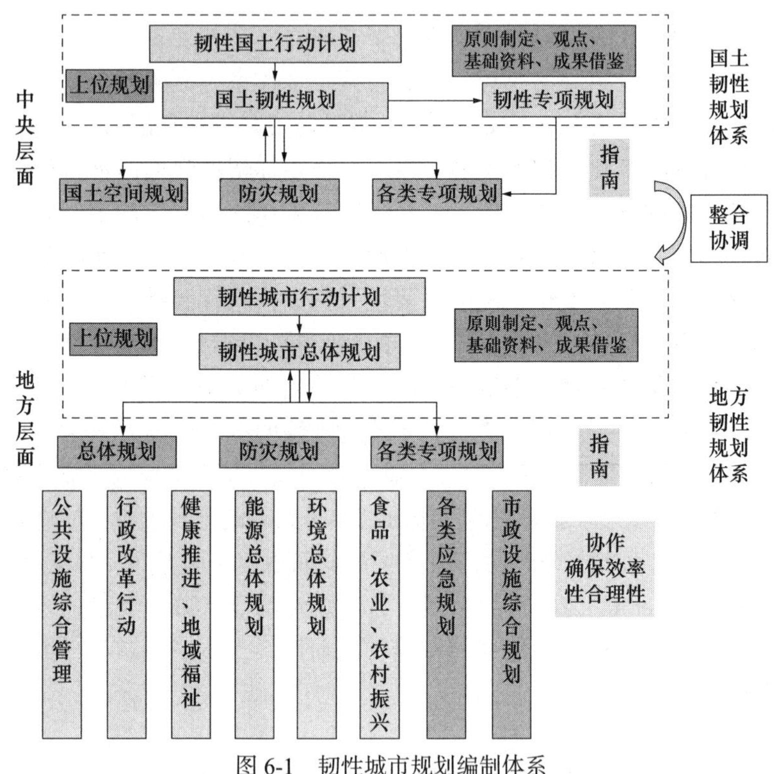

图 6-1　韧性城市规划编制体系

（图片来源：《杭州市韧性城市建设现状及对策》）

6. 1. 2　开展韧性城市建设评估

考虑到韧性城市建设评估对于提升城市韧性具有重要意义，有利于韧性城市建设的长远发展。为此，需要构建符合我国城市情况的韧性城市评测指标体系与方法，定量、半定量的刻画城市韧性。同时，充分利用大数据、GIS、遥感、AI等技术，积极开展韧性城市评估。基于评估结果，发现薄弱环节，改进提升城市韧性的方法、技术指引及政策建议等，为更好地实现韧性城市目标提供保障。

6.2　明确发展底线，强化城市韧性管控

6.2.1　合理控制城市规模，提高城市规模韧性

基于韧性原则，理性控制城市规模能够减少城市灾害隐患，提高防灾救护工作的效率。规划建设时可结合灾害情境下城市各区域的韧性优先级来进行建设强度控制要求，例如，空间规模韧性较强的城市片区土地开发强度也可以适当提升，但城市空间规模韧性较低片区应进行严格的开发建设控制。在韧性导向的空间规划中，应强调灾害风险最小化，控制和规范风险易发区的发展，将生态敏感区、易受灾害风险影响的地区设置为禁止开发区或者限制开发区。例如易燃易爆设施或危险化学品相关设施应设在城市边缘的安全区域，对于在老城区内且影响城市安全的危险设施应纳入近期改造计划，采取搬迁或改变用途等措施。此外，考虑新城区建设用地的选择时，根据灾害风险评估结果，应结合不同灾害情境下城市空间韧性优先级结果，对于“高风险 - 低韧性”的区域，制定较为明确的城市韧性优化方案，以提高抵御灾害风险的能力。对于易受灾地区的开发应实施一定限制，例如制作灾害风险地图、明确易受灾害影响的区域范围，防止该区域出现新的开发项目，并逐步转移该地区人员和财产。

6.2.2　建设韧性保障留白区，应对城市发展不确定性

韧性留白区是针对城市发展的不确定性，在城市集中建设区之外划定的地域空间，只有在满足特定条件下才能进行城市开发和集中建设的预留用地。第一，该韧性留白区域可以抑制城市空

间的无序扩张，在城市整体空间上建立有利于城市防灾减灾救灾的战略空间格局。第二，留白区域能够在地域上阻隔灾害的蔓延和扩散，切断灾害链（芦嘉慧，翟国方等，2022）。第三，在灾后救援过程中，韧性留白空间还可以成为临时避难场所。因此，在城市规划建设中，可依托中心城区与周边组团形成的绿地间隔建立韧性保障留白区，避免城市建设区以摊大饼的方式向外扩散。

6.3 优化空间结构，提升城市结构韧性

6.3.1 发展多中心组团，提高城市空间结构冗余性

韧性的城市空间结构是城市安全发展的前提，能够增强城市系统抵御灾害风险的能力。“多中心组团结构”能够体现城市空间韧性的理念，各组团或者各中心相对独立的用地结构为应对突发事件提供了重要空间保障，塑造了较强的灾害防御基础。首先，多中心发展提高了城市系统的冗余性，当某个中心因外界冲击而丧失正常运转能力时，其他城市中心仍能保持自身功能，不会造成整个城市网络的大规模失效与瘫痪。其次，多中心结构能够在控制灾害的蔓延和影响程度，降低次生灾害发生的概率，减少了灾害风险，为城市安全提供了前提。此外，在灾后重建过程中，多中心布局有冗余的供给支撑体系。因此，恢复速度会更快，灾后恢复重建的效率也会更高。

6.3.2 平衡区域发展，提高城市空间结构均衡性

城市空间结构的多中心均衡发展的城市空间结构是基于韧性原则的适度分散、相对集中模式，强调城市各中心、各组团的横向平等、均衡发展。城市空间结构的均衡性发展能够促进形成具有多个高效、有吸引力的中心的空间结构，为各组团和中心更加灵活地发展提供了可能性，提高社会公平性。对于城市未来的发展，建议将空间模式积极转变为“多中心均衡分布”的韧性空间

结构模式，发展包括新政文化中心、商贸综合服务中心和产业服务中心的市级中心。

6.4　落实空间功能，增强城市韧性响应

6.4.1　优化存量土地，提高城市空间功能灵活性

城市土地利用的灵活性可以促进城市空间韧性的发展。目前对城市建设用地面积的控制主要通过引导资源配置、优化内部功能和布局来实现。对城市存量土地的控制，可以根据韧性特征进行土地利用调控（宗珂、翟国方，2022）。首先，对现有建成区的空置、废弃和低效用地进行动态调查，及时收回或更新利用；其次，通过土地置换整合闲置土地，使土地利用更加集中、充分，对不同类型的低效用地采取不同的改造方式。例如，对于居住类低效用地，应通过完善周边配套服务设施和居住建成环境，提高片区建筑容积率，实现空间的集约利用。

6.4.2　促进土地利用混合，提高城市空间功能多样性

城市功能的多样性是城市发展的基础。在提高土地利用多样性层面，强调鼓励土地的多功能混合利用，提高土地效益。明确规划紧凑的城市空间功能，防止城市无序发展，同时优化土地利用结构，实现城市建设用地功能混合。在城市规划建设中，可将城市空间功能多样性较差的区域作为土地兼容性控制的重点区域，采用土地功能混合的开发模式，提高就业、居住、防灾应急等设施的混合性。例如，可将部分公共空间作为紧急避难场所，提升城市空间功能的多样性。

6.4.3　优化设施布局，提高城市空间功能冗余性、快速、公平性

城市减灾防灾设施的空间冗余性、快速性和公平性关系到灾害来临时居民能否快速撤离避难，并及时得到救助安置和医疗救

援等。城市减灾防灾设施包括应急避难设施、医疗设施（综合医疗设施和基层医疗设施）、消防设施和可以作为临时避灾场所的公共空间等，可以从提高其空间冗余性、空间快速性和空间公平性三个方面进行设施优化配置和布局，完善应急避难场所专项规划、消防专项规划、医疗设施专项规划以及公共空间专项规划。

6.5 提升网络联通，实现区域内及时联动响应

6.5.1 强风险防范，提高城市空间网络稳健性

加强城市空间道路网络的风险防范，能够提高网络稳健性。首先，应保障城市道路网络与外部链接的主要出入口、城市内部应急疏散道路及桥梁、隧道等重要交通设施具有较强的稳健性。根据城市空间网络稳健性评估结果，应对灾害风险能力较差的部分道路和节点应优先进行加固和改造，确保以上设施在灾时的通行能力和抗灾能力，保障城市网络重要节点稳健性和安全性。其次，规划应急疏散通道方案时，应考虑避开危险化学品设施、易燃易爆设施等，提高灾时疏散的安全性。最后，需对人口较为集中的老城区和旧城区应进行优先改造，打通消防车通道、应急救援通道，以提升城市空间网络整体的稳健性。

6.5.2 完善道路网络，提高城市空间网络连通性和快速性

完善城市道路交通网络体系，确定城市应急救援通道的具体布局，对于灾害发生时保障快速疏散通道畅通、救援和物资快速送达具有十分重要的意义。首先，可以通过完善城市内部快速路、主干路、次干路和之路之间的连接性，提升城市空间网络系统整体的连通性。其次，城市灾害风险具有不确定性特征，在规划应急疏散通道时，应保障某一地区的道路网络受损时，仍有可替代的网络以保障整个网络系统的韧性。

6.5.3　优化疏散通道，提高城市空间网络高效性

优化城市应急疏散通道，能够提高救灾疏散时城市空间网络的高效性。通过将固定避难场所、紧急避难场所、医疗卫生设施、消防设施等防灾减灾相关设施布局在城市空间网络高效性较强和救灾需求较大的空间节点，能够提高其在紧急情况下的救援高效性。例如，以市、区、街区三级应急救援指挥中心为节点，市级层面可沿城市快速路、主干道等确定城市应急通道的走向和具体道路布局，结合固定应急避难场所，共同构成完整的城市空间韧性网络格局（宗珂、翟国方，2022；杜文瑄、施益军等，2022）。区级层面可结合城市主干道、次干道布局防灾减灾措施，社区层面可结合城市次干道、城市支路和社区级道路，布置或新建紧急避难场所或可作为避难场所的开放空间，提高灾害来临时居民疏散效率和应急救援效率。

6.6　搭建 AI 技术，构建智能化风险监测和韧性评估平台

由于灾害风险的影响具有不确定性，灾害风险评估是风险管理的前提和基础，科学预测和情境模拟作为规划决策的参考越发重要。第一，需要建立灾害和城市空间数据库。灾害数据库是智能化监测、预警和灾害风险评估的基础。完善各类灾害基础数据、灾害易发区的识别与划定对于治理现状安全隐患，严控新增建设有重要意义。城市空间数据库是城市空间韧性评估的前提，构建城市空间数据库能够对城市空间韧性优化起到积极作用。第二，借助国土空间信息管理平台，接入灾害信息网络平台，针对地震灾害、气象灾害、地质灾害、火灾爆炸事故、交通事故与公共卫生事件等主要灾害，建立综合统筹多种灾害的监测预警体系和城市空间韧性评估体系，积极开展城市灾害风险评估工作，识别灾害风险脆弱区域，完善灾害风险防控和应急响应体系（图 6-2）。第三，灾害风险的影响具有不确定性，城市研究具有非线性和复

杂性特征。根据灾害风险管理特征，可借助人工智能技术构建灾害风险评估和韧性建设的全过程智能化平台进行风险韧性评估、决策分析和空间优化模拟（鲁钰雯、翟国方，2021）。

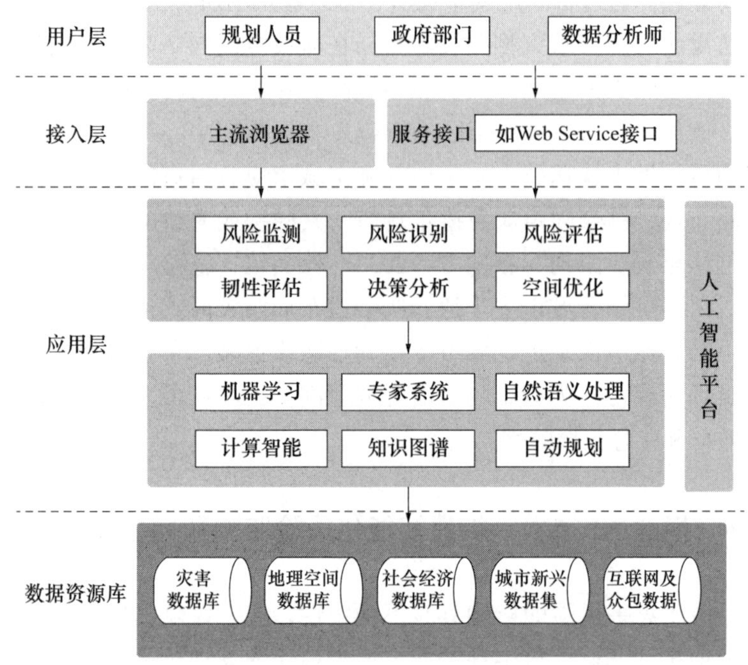

图 6-2　基于 AI 技术的灾害风险与韧性评估信息平台

（图片来源：《人工智能技术在城市灾害风险管理中的应用与探索》）

6.7　多方协调，建立多方利益协同的政策保障机制

利益相关者之间的合作对于降低风险、提升韧性至关重要。在我国韧性空间规划编制过程中，应重视政府和非政府利益相关者之间的协作，理解和共享风险、数据、信息、模型、指标、风险沟通模式和决策支持，促进有效风险管理方面的合作。另外，城市是一个复杂的社会 - 生态系统，其重要特征是城市系统各组成部分相互影响、相互作用，在时空尺度上都存在多重联系。因

此，城市空间韧性的提升应考虑跨空间和时间尺度的动态反馈，加强城市空间韧性不仅需要对案例地城市提出要求，还应在更大的区域尺度提出综合韧性提升要求（翟国方、夏陈红，2021）。以洪水灾害为例，上游城市防御工作的不足会引发下游城市产生次生灾害风险，因此加强与多方利益相关者的动态协调能够为韧性建设的落地实施提供一定保障。最后，国土空间规划建设过程中要树立“以人为本”的发展理念，以人的生命安全和健康为核心，确定韧性导向空间规划是为了提供更安全的宜居环境这一目标，重视公众参与和社区协同治理，充分听取公众需求与意见，切实保障公众利益。

参考文献

[1] Yijun Shi, Guofang Zhai, Lihua Xu, Shutian Zhou, Yuwen Lu, Hongbo Liu, Wei Huang. Assessment Methods of Urban System Resilience: From the Perspective of Complex Adaptive System [J]. Cities. 2021, 112: 103141.

[2] 杜文瑄，施益军，徐丽华，翟国方，陈伟，陆张维．风险扰动下的城市经济韧性多维测度与分析——以长三角地区为例［J］．地理科学进展，2022，41（06）：956-971.

[3] 芦嘉慧，翟国方，鲁钰雯．综合施策 系统增强城市韧性［J］．城市与减灾，2022（05）：1-5.

[4] 鲁钰雯，翟国方．人工智能技术在城市灾害风险管理中的应用与探索［J］．国际城市规划，2021，36（02）：22-31＋39．DOI：10.19830/j.upi.2021.031.

[5] 施益军，岳文泽．杭州市韧性城市建设现状及对策［J］．城市与减灾，2022（05）：63-67.

[6] 翟国方，黄弘，冷红，罗翔，马东辉，魏杰，谢映霞，修春亮，周素红．科学规划增强韧性［J］．城市规划，2022，46（03）：29-36.

[7] 翟国方，夏陈红．我国韧性国土空间建设的战略重点［J］．城市规划，2021，45（02）：44-48.

[8] 宗珂，翟国方．以韧性城市规划助力防灾减灾救灾［J］．防灾博览，2022（01）：40-43.